Herausgeber

Thorsten M. Buzug
Institute of Medical Engineering
University of Lübeck
buzug@imt.uni-luebeck.de

Reihe: Medizinische Ingenieurwissenschaft und Biomedizintechnik

Diese Reihe umfasst Werke der Medizinischen Ingenieurwissenschaft und Biomedizintechnik, deren Themen strategisch unter den Zukunftstechnologien mit hohem Innovationspotenzial anzusiedeln sind. Als wesentliche Trends dieser Forschungsgebiete, sind die Schlüsselbereiche Computerisierung, Miniaturisierung und Molekularisierung zu nennen. Bei der Computerisierung sind dabei die inhaltlichen Schwerpunkte beispielsweise in der Bildgebung und Bildverarbeitung gegeben. Die Miniaturisierung spielt unter anderem bei intelligenten Implantaten, der minimalinvasiven Chirurgie aber auch bei der Entwicklung von neuen nanostrukturierten Materialien eine wichtige Rolle, und die Molekularisierung ist in der regenerativen Medizin aber auch im Rahmen der sogenannten molekularen Bildgebung ein entscheidender Aspekt. Forschungs- und Entwicklungspotenzial werden auch der Biophotonik und der minimal-invasiven Chirurgie unter Berücksichtigung der Robotik und Navigation zugeschrieben. Querschnittstechnologien wie die Mikrosystemtechnik, optische Technologien, Softwaresysteme und Wissenstechnologien sind dabei von hohem Interesse.

André Behrends

Spektrometer zur Detektion der Brown- und Néelrotation magnetischer Nanopartikel

Medizinische Ingenieurwissenschaft und Biomedizintechnik — Volume 15

Herausgeber: Thorsten M. Buzug

Infinite Science Publishing

Kurzfassung

In einem magnetischen Feld sind zwei Rotationsmechanismen bekannt, mit denen superparamagnetische Nanopartikel rotieren. Dabei handelt es sich um die Brownsche und die Néelsche Rotation. Abhängig von der Frequenz des magnetischen Feldes und der partikelspezifischen Parameter ist einer der beiden Mechanismen dominant. Im vorliegenden Werk werden Methoden der Magnet-Partikel-Spektrometrie (MPS) genutzt, um die Übergangsfrequenz zwischen diesen Mechanismen zu finden. Dazu wird im Vorfeld das Partikelverhalten simuliert und diskutiert. Ein einfacher Messaufbau wird beschrieben und die gemessenen Ergebnisse analysiert. Es werden mögliche Indikatoren für einen Übergang der Rotationsmechanismen vorgestellt und die Arbeit mit einem Ausblick auf zukünftige Experimente abgeschlossen.

Inhaltsverzeichnis

1 Einleitung — **1**

  1.1 Motivation — 1

  1.2 Gliederung der Arbeit — 2

2 Theoretische Grundlagen — **5**

  2.1 Grundlegende Begriffe des Magnetismus — 5

    2.1.1 Magnetische Felder — 6

    2.1.2 Magnetische Momente und Magnetisierung — 7

  2.2 Elektromagnetismus — 8

    2.2.1 Ampère-Maxwell-Gesetz — 9

    2.2.2 Induktionsgesetz — 10

  2.3 Magnetische Anisotropie — 11

    2.3.1 Formanisotropie — 12

    2.3.2 Kristallanisotropie — 13

  2.4 Paramagnetismus — 14

    2.4.1 Langevin-Funktion — 15

    2.4.2 Superparamagnetismus — 17

    2.4.3 Superparamagnetische Nanopartikel — 18

  2.5 Rotationsmechanismen — 19

    2.5.1 Stoner-Wohlfarth-Modell — 19

    2.5.2 Brownrotation — 20

    2.5.3 Néelsche Rotation — 22

3 Partikelmodell und Simulation des Partikelverhaltens — **25**

  3.1 Simulation mittels Bewegungsgleichungen — 25

    3.1.1 Bewegungsgleichung der Brownschen Rotation — 26

    3.1.2 Bewegungsgleichung der Néelschen Rotation — 27

3.1.3 Kombination der Rotationsmechanismen 28

3.1.4 Simulation der Bewegungsgleichungen 29

3.2 Lösung der Fokker-Planck-Gleichung 31

3.2.1 Ermittlung der Fokker-Planck-Gleichung 32

3.2.2 Die Fokker-Planck-Gleichung für Brownsche Rotation 32

3.2.3 Die Fokker-Planck-Gleichung für Néelsche Rotation 33

3.2.4 Numerische Lösung der Fokker-Planck-Gleichungen 33

3.3 Diskussion der Simulationsmethoden 35

3.4 Vorstellung und Diskussion der Simulationsergebnisse 37

4 Aufbau des Systems   **41**

4.1 Allgemeiner Aufbau eines Spektrometers 41

4.2 Minimierung des Anregungssignals durch Auslöschung 43

4.3 Sende- und Empfangsspulen 45

4.3.1 Parameter der Sendespulen 45

4.3.2 Ermittlung des notwendigen Sendespulenstroms 47

4.3.3 Empfangsspulen 48

4.4 Mechanischer Aufbau 49

4.5 Mechanismus zur Anpassung der Kopplung 50

4.6 Leistungsanpassung 52

4.7 Verstärker 56

4.7.1 Leistungsverstärker 56

4.7.2 Low-Noise-Messverstärker 56

4.8 I/O-Messkarten und Messrechner 57

4.9 Regelstrecke 57

4.10 Gesamtsystem 58

5 Messvorgang und Messergebnisse   **61**

5.1 Regelung 61

5.2 Messablauf 63

5.3 Diskussion der Messergebnisse 64

5.3.1 Diskussion der Messergebnisse im Zeitbereich 65

5.3.2 Diskussion der Messergebnisse im Frequenzbereich 71

6 Auswertung und Ausblick   **77**

   6.1 Auswertung 77

   6.2 Ausblick 78

Literaturverzeichnis   **81**

Abbildungsverzeichnis

2.1 Eisenspäne in einem magnetischen Feld 7

2.2 Magnetische Momente und Magnetisierung 8

2.3 Magnetische Flussdichte um stromführende Leiter 10

2.4 Teilung eines Partikels in Dipole 13

2.5 Magnetische Momente in magnetischem Feld 15

2.6 Die Langevin-Funktion 17

2.7 Partikeldarstellung 18

2.8 Stoner-Wohlfarth-Modell 20

2.9 Darstellung der Brownschen Rotation 21

2.10 Darstellung der Néelschen Rotation 23

3.1 Simulation im Zeitbereich 38

3.2 THD der Simulationen 39

3.3 Harmonisches Verhältnis der Simulationen 40

4.1 Allgemeiner Aufbau eine Magnet-Partikel-Spektrometers 43

4.2 Aufbau der Anregungssignalauslöschung 45

4.3 Geometrie der Sendespulen 46

4.4 Feldsimulation der Sendespulen 48

4.5 Empfangsspule 49

4.6 SolidWorks-Modell der Empfangsspulenhalterung 50

4.7 Mechanismus zur Anpassung der Kopplung 51

4.8 Leistung ohne Leistungsanpassung 53

4.9 Scheinleistung der kompensierten Frequenzbänder 55

4.10 Schaltplan des Spannungsteilers an der Sendespule 58

4.11 Übersicht Gesamtaufbau 59

4.12 Aufgebautes Messsystem 60

Abbildungsverzeichnis

5.1 Zeitsignale der Messungen 66

5.2 Signalformänderung in Messbereich 1 67

5.3 Korrigierte Signalform aus Messbereich 1 68

5.4 Magnetisierungsignalform 70

5.5 totale harmonische Verzerrung 72

5.6 Betrag der normierten Fouriertransformierten 73

5.7 Das Harmonische Verhältnis 74

5.8 Harmonisches Verhältnis bei Viskositätsänderung 76

Tabellenverzeichnis

4.1   Parameter der Sendespulen 46

4.2   Parameter der Messbereiche und Leistungsanpassung. 54

5.1   Übersicht der Anregungsfrequenzen für die einzelnen Messbereiche.   64

Kapitel 1

Einleitung

1.1 Motivation

Die Bildgebung ist in der heutigen Zeit ein grundlegender Baustein der medizinischen Diagnostik. Ohne bildgebende Verfahren, wie die Computertomographie (CT) und die Magnetresonanztomographie (MRT), wären einige Diagnosen nicht möglich. Trotz der enormen Vorteile dieser bildgebenden Verfahren haben sie auch deutliche Nachteile. So ist eine Diagnose mittels CT immer mit der Applikation ionisierender Strahlung verbunden. Der Nachteil der MRT ist die vergleichsweise geringe Sensitivität und die lange Dauer des Verfahrens[1]. Zur Verbesserung der medizinischen Diagnosen wird an verschiedenen Techniken gearbeitet, um die Bildgebung sicherer, schneller und genauer zu machen.

Die im Jahr 2005 erschienene Veröffentlichung von Bernhard Gleich und Jürgen Weizenecker „Tomographic imaging using the nonlinear response of magnetic particles" im Magazin „Nature" gilt als grundlegende Veröffentlichung für die Bildgebungsmodalität „Magnetic Particle Imaging" (MPI)[2]. MPI nutzt die nichtlineare Magnetisierungskurve superparamagnetischer Nanopartikel, um die Partikelkonzentration in einer Probe zu ermitteln[2][3]. Bei Anregung der Nanopartikel durch ein magnetisches Feld, welches sich sinusförmig ändert, wird durch die nichtlineare Magnetisierungskurve der Partikel ein verzerrtes Messsignal erzeugt. Je schneller sich die Magnetisierung ändert, desto besser ist das Signal-zu-Rausch Verhältnis des

Messsignals[4]. Eine Transformation des erzeugten Signals in den Frequenzbereich zeigt, dass das Signal aus einer Kombination des Anregungssignales sowie seiner Harmonischen besteht. Über die Harmonischen kann die Partikelkonzentration der Probe berechnet werden. Für ein genaueres Verständniss der zugrunde liegenden Mechanismen muss das Verhalten der Nanopartikel bekannt sein. Methoden der „Magnetic Particle Spectroscopy" (MPS) können genutzt werden, um die Eigenschaften und das Verhalten der Partikel zu untersuchen.

Die vorgestellte spektroskopische Methode beschäftigt sich mit dem Verhalten von superparamagnetischen Nanopartikeln auf magnetische Wechselfelder unterschiedlicher Frequenz. Entsprechend des theoretischen Modells herrschen dabei zwei Rotationsmechanismen vor. Zum einen die Brownsche Rotation[5], zum anderen die Néelsche Rotation[6]. Befindet sich ein magnetisches Nanopartikel in einem magnetischen Wechselfeld, so wird sich sein magnetisches Moment entlang des Feldes ausrichten. Welcher der beiden zuvor genannten Rotationsmechanismen dominiert hängt von verschiedenen Parametern, zum Beispiel der Frequenz des magnetischen Wechselfeldes, ab. Da beide Mechanismen zu einem unterschiedlichen Magnetisierungsverhalten führen, ist die Übergangsfrequenz durch Unterschiede in den Spektren der Messignale erkennbar.

Mit Kenntnis der Übergangsfrequenz kann man auf die Eigenschaften der untersuchten Probe rückschliessen. So lässt sich die Größe der Partikel, die Viskosität des umgebenden Mediums oder die Temperatur der Probe ermitteln. Die gewonnenen Informationen können genutzt werden, um die Parameter der Partikelsynthese zu kontrollieren.

1.2 Gliederung der Arbeit

Die Arbeit gliedert sich in 6 Kapitel, dabei wird im ersten Kapitel auf die Motivation und die Gliederung der Arbeit eingegangen. Die Motivation untermauert die Notwendigkeit der Arbeit und stellt die Erwartungen an die Ergebnisse vor. Die

Gliederung dient dem Leser als Orientierungshilfe und gibt einen groben Überblick über den Inhalt der Arbeit.

Im zweiten Kapitel wird zunächst auf die notwendigen physikalischen Grundlagen eingegangen. Im Schwerpunkt liegt dabei der Magnetismus, mit Fokus auf Elektromagnetismus und Superparamagnetismus sowie deren Verbindung zueinander.

Inhalt des dritten Kapitels sind die Simulation der Rotationsmechanismen und die Diskussion der zugrunde liegenden Modelle. Es werden die beiden bekanntesten Simulationsansätze, der Ansatz über die Langevin-Gleichung und der Ansatz über die Fokker-Planck-Gleichung vorgestellt. Ziel des Kapitels ist es, die Mechanismen der Brownschen und Néelschen Rotation zu verstehen und möglichst realistische Vorhersagen für das praktische Experiment zu treffen.

Thema des vierten Kapitels ist der praktische Aufbau des Versuchs aus seinen verschiedenen Komponenten. Es wird auf die Funktionsweise der Komponenten eingegangen, um zu zeigen, welche Probleme bei der Konstruktion des Messaufbaus auftreten und wie sie gelöst werden können.

Das fünfte Kapitel beschäftigt sich mit der Auswertung der Messergebnisse. Die Messergebnisse werden im Zeit- und im Frequenzbereich diskutiert. Die Intention des Kapitels ist es, einen Indikator für die Übergangsfrequenz von Brownscher zu Néelscher Rotation zu finden.

Im sechsten Kapitel wird die Arbeit rückblickend ausgewertet und mit einem Ausblick auf weiterführende Experimente sowie Verbesserungsvorschlägen für den Messaufbau abgeschlossen.

Kapitel 2

Theoretische Grundlagen

In diesem Kapitel werden die notwendigen, physikalischen Grundlagen behandelt. Der Magnetismus, speziell der Elektromagnetismus, spielt eine wichtige Rolle bei der Anregung der Partikel und der Detektion der Partikelantwort.

Die magnetische Anisotropie ist ein bestimmender Faktor bei der Ausrichtung der magnetischen Momente bei Néelscher Rotation. Durch die magnetische Anisotropie wird eine Energiebarriere gebildet, welche durch thermische und andere externe Einflüsse überwunden werden kann. Es kommt zu Sprüngen der Magnetisierung, welche für den Superparamagnetismus typisch sind.

Bevor die Mechanismen der Brownschen und Néelschen Rotation besprochen werden, werden noch die Begriffe des Paramagnetismus und Superparamagnetismus geklärt.

2.1 Grundlegende Begriffe des Magnetismus

Zum Verständniss der Partikelwechselwirkung wird zunächst der Magnetismus im Allgemeinen beschrieben, um dann die Wechselwirkungsprozesse im speziellen zu erläutern. Hauptsächlich wird der Einfluss verschiedener, magnetischer Felder untereinander sowie die Wirkung von magnetischen Feldern auf bewegte Ladungsträger oder magnetische Partikel thematisiert.

In diesem Abschnitt soll sich mit dem allgemeinen Begriff des magnetischen Feldes sowie dem Einfluss magnetischer Felder auf magnetische Partikel beschäftigt werden. Auf den Zusammenhang von magnetischen Feldern und elektrischen Ladungsträgern wird im Abschnitt Elektromagnetismus eingegangen.

2.1.1 Magnetische Felder

Zur Beschreibung eines Raumzustandes in dem magnetische Phänomene auftreten wird ein Vektorfeld genutzt, welches magnetisches Feld oder Magnetfeld genannt wird. Allgemein bekannte magnetische Phänomene sind dabei die Kraftwirkung zwischen zwei Magneten oder magnetisierbaren Gegenständen, sowie die Kraftwirkung auf bewegte Ladungsträger. Ein Vektorfeld ist eine räumliche Verteilung gerichteter Größen. Folgt man dem magnetischen Feld entlang der durch die Vektoren gegebenen Kurve, so stellt man fest, dass es sich stets um eine geschlossene Kurve handelt. Man kann weder einen eindeutigen Anfang noch ein eindeutiges Ende finden. Folglich existieren keine magnetischen Monopole. Die formelle Beschreibung des Phänomens erfolgt durch eine der Maxwellgleichungen. Es handelt sich um das Gauß'sche Gesetz für magnetische Felder und lautet[7, 8, 9]:

$$\oiint_{\partial V} \mathbf{B} \cdot d\mathbf{A} = 0. \tag{2.1}$$

Hierbei sei ∂V die Oberfläche eines geschlossenen Volumens, $\mathbf{B}$ ist die magnetische Flussdichte und $d\mathbf{A}$ eine infinitesimal kleine Fläche der betrachteten Volumenoberfläche. Eine weit verbreitete Art, die magnetischen Feldlinien sichtbar zu machen, ist in Abbildung 2.1 gezeigt. Die Eisenspäne richten sich hier entlang des magnetischen Feldes dreier Stabmagneten aus und veranschaulichen den Verlauf der magnetischen Feldlinien.

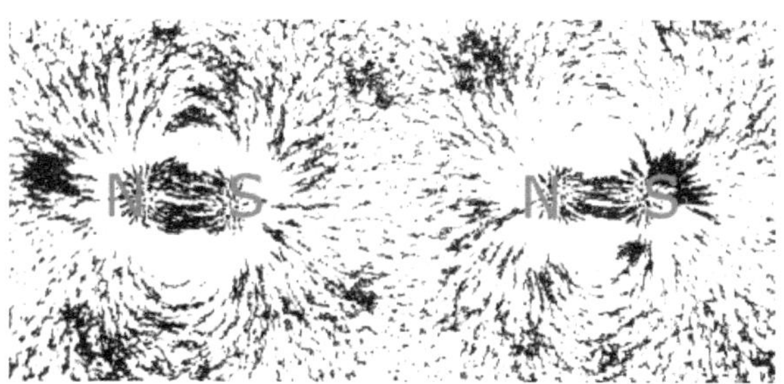

Abbildung 2.1: Eisenspäne in einem magnetischen Feld: Eisenspäne richten sich entlang der magnetischen Feldlinien zweier Stabmagnete aus. Die Nord- und Südpole der Magneten sind mit den Buchstaben „N" und „S" gekennzeichnet.

2.1.2 Magnetische Momente und Magnetisierung

Wie in 2.1.1 erwähnt gibt es keine magnetischen Monopole. Aus diesem Grund werden elementare Magneten stets als Dipol beschrieben. Ein Dipol erzeugt ein magnetisches Feld, welches durch ein magnetisches Moment beschrieben wird. Das magnetische Moment kann als Vektor dargestellt werden, es gibt Stärke und Richtung des resultierenden magnetischen Feldes an.

Durch ihre geringe Größe kann man magnetische Nanopartikel als kleine Dipolmagneten ansehen und ihnen ein magnetisches Moment μ zuordnen. Ein magnetischer Dipol wird sich, wie die Eisenspäne aus Abbildung 2.1, in einem externen magnetischen Feld ausrichten. Handelt es sich um ein magnetisches Wechselfeld, so kann die Ausrichtung der Partikel durch zwei Mechanismen, die Brownsche Rotation und die Néelsche Rotation, beschrieben werden. Da die besten derzeit verfügbaren Nanopartikel aus Magnetit (Fe_3O_4) bestehen, werden in der vorliegenden Arbeit ebenfalls Nanopartikel aus Magnetit verwendet.

Betrachtet man ein Ensemble aus Teilchen, zum Beispiel in Form von magnetischen Nanopartikeln in einer Suspension, so ergibt die Vektorsumme aller magnetischer Momente in dem Ensemblevolumen die Magnetisierung **M**.

Der Zusammenhang von magnetischen Momenten und Magnetisierung wird in Abbildung 2.2 grafisch dargestellt. Links werden die einzelnen Partikel mit ihren magnetischen Momenten durch schwarze Vektorpfeile dargestellt, rechts wird die Vektorsumme über alle magnetischen Momente gebildet, was die Magnetisierung des Ensembles ergibt. Sie wird durch den grünen Vektorpfeil repräsentiert.

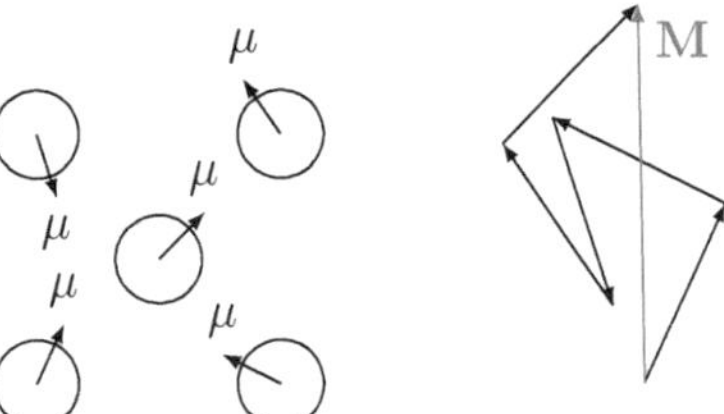

Abbildung 2.2: Magnetische Momente und Magnetisierung: Partikel besitzen ein magnetisches Moment, dargestellt durch schwarze Pfeile (links). Die Magnetisierung ist die Vektorsumme der magnetischen Momente und als grüner Pfeil dargestellt (rechts).

2.2 Elektromagnetismus

Magnetische Felder stehen stets in Verbindung mit elektrischen Ladungsträgern. Jeder elektrische Ladungsträger erzeugt ein elektrisches Feld und jeder magnetische Dipol erzeugt ein magnetisches Feld. Die Beschreibung von elektrischem und magnetischem Feld und die Interaktion der Felder ist durch die Maxwellschen Gleichungen gegeben. Das Ampère-Maxwell-Gesetz und das Induktionsgesetz werden im folgenden Abschnitt vorgestellt. Das Ampère-Maxwell-Gesetz beschreibt die Erzeugung eines magnetischen Feldes durch elektrischen Strom und bildet die physikalische Grundlage für die Erzeugung des Anregungsfeldes. Das Induktionsgesetz beschreibt die Entstehung von elektrischer Spannung durch magnetische Felder. Es bildet die physikalische Grundlage zur Messung des Partikelsignals.

2.2.1 Ampère-Maxwell-Gesetz

Das Ampère-Maxwell-Gesetz beschreibt, wie bewegte Ladungsträger, in Form eines elektrischen Stroms I, oder sich zeitlich ändernde elektrische Felder ein magnetisches Feld erzeugen können. Für derart erzeugte Magnetfelder gilt analog zu 2.1.1: Die magnetischen Feldlinien sind stets geschlossen. Folglich wird der magnetische Fluss des Feldes $\mathbf{B}$ stets über den Rand einer geschlossenen Fläche A integriert. Das Ampère-Maxwell-Gesetz in seiner Integral-Form lautet[9, S. 347]:

$$\oint_S \mathbf{B} \cdot \mathrm{d}\mathbf{s} = \iint_A \frac{\partial \mathbf{E}}{\partial t} \cdot \mathrm{d}A + \mu_0 i. \tag{2.2}$$

S ist eine geschlossene Kurve, $\mathbf{B}$ die magnetische Flussdichte entlang der Kurve S, $\mathrm{d}\mathbf{s}$ eine infinitesimal kleine Strecke von S, A die von der Kurve S eingeschlossene Fläche, $\mathbf{E}$ das elektrische Feld durch die Fläche A, μ_0 die magnetische Feldkonstante und I der elektrische Strom, der durch die Fläche A fliesst.

Betrachtet man einen elektrischen Leiter, welcher einen elektrischen Strom I führt, wird dementsprechend ein Magnetfeld um den Leiter erzeugt. Abbildung 2.3 verdeutlicht den Effekt für den Fall gerader Leiter. Die Richtung der magnetischen Flussdichte kann aus der differentiellen Form des Ampère-Maxwell-Gesetzes abgeleitet werden[9, S. 346].

$$\nabla \times \mathbf{B} = \mu_0 \varepsilon_0 \frac{\partial \mathbf{E}}{\partial t} + \mu_0 i. \tag{2.3}$$

Das Ampère-Maxwell-Gesetz bildet die theoretische Grundlage für die Funktion elektromagnetischer Spulen, welche zur Erzeugung magnetischer Felder genutzt werden.

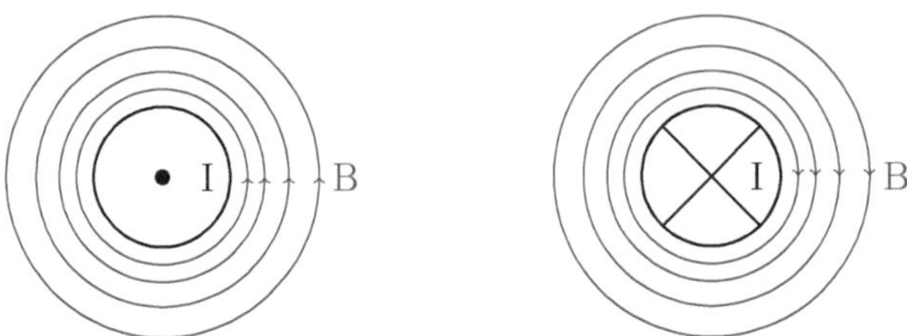

Abbildung 2.3: Magnetische Flussdichte um stromführende Leiter: Stromführende Leiter erzeugen ein magnetisches Feld. Links fliesst der Strom ‚aus der Seite heraus‘, rechts ‚in die Seite hinein‘. Die magnetische Flussdichte des Magnetfeldes ist blau dargestellt.

2.2.2 Induktionsgesetz

Das Induktionsgesetz beschreibt die Erzeugung elektrischer Felder durch sich zeitlich ändernde magnetische Felder. Die elektrischen Feldlinien sind, wie die magnetischen Feldlinien des Gaußschen Gesetzes, geschlossen. Das negative Vorzeichen in der Ableitung des magnetischen Flusses ist eine Konvention, welche sich in der Lenzschen Regel äußert[10]. Das Induktionsgesetz in seiner Integral-Form lautet[9, S. 347]:

$$\oint_S \mathbf{E} \cdot \mathrm{d}\mathbf{s} = - \int_A \frac{\partial \mathbf{B}}{\partial t} \cdot \mathrm{d}A. \tag{2.4}$$

Hierbei ist S erneut eine geschlossen Kurve, A die von S eingeschlossene Fläche, $\mathbf{E}$ das elektrische Feld entlang der Kurve S, $\mathbf{ds}$ ein infinitesimal kleines Streckenstück der Kurve S und $\mathbf{B}$ die magnetische Flussdichte durch die Fläche A.

Das Induktionsgesetz in differentieller Form lautet[9, S. 347]:

$$\nabla \times \mathbf{E} = - \frac{\partial \mathbf{B}}{\partial t}. \tag{2.5}$$

In Abschnitt 2.1.2 wurde bereits beschrieben, dass magnetische Momente ein magnetisches Feld repräsentieren. Da die Magnetisierung lediglich die Vektorsumme der magnetischen Momente ist, stellt sie eine Art ‚Gesamtmagnetfeld' dar. Ändert sich die Magnetisierung, wird sie nach dem Induktionsgesetz eine Spannung in einen elektrischen Leiter induzieren. Der Zusammenhang zwischen elektrischem Feld $\mathbf{E}$ und Spannung u ist gegeben durch:

$$u_{\mathrm{AB}} = \int_{\mathrm{A}}^{\mathrm{B}} \mathbf{E} \cdot \mathrm{d}\mathbf{s}. \tag{2.6}$$

A und B sind verschiedene Punkte innerhalb des elektrischen Feldes $\mathbf{E}$. Ergänzend sei erwähnt, dass der gesamte magnetische Fluss $\mathbf{B}_{\mathrm{ges}}$ sich aus dem magnetischen Anregungsfeld $\mathbf{H}_{\mathrm{A}}$ und der Partikelmagnetisierung $\mathbf{M}_{\mathrm{P}}$ zusammensetzt:

$$\mathbf{B}_{\mathrm{ges}} = \mu_0 \left(\mathbf{H}_{\mathrm{A}} + \mathbf{M}_{\mathrm{P}} \right). \tag{2.7}$$

Es folgt die gesamte induzierte Spannung einer elektrischen Leiterschleife:

$$U = - \int_A \frac{\partial}{\partial t} \left(\mu_0 \left(\mathbf{H}_{\mathrm{A}} + \mathbf{M}_{\mathrm{P}} \right) \right) \mathrm{d}\mathbf{A}. \tag{2.8}$$

Gleichung 2.8 beschreibt die physikalische Grundlage für die Messung der Magnetisierungsänderung. Das durch die Magnetisierungsänderung erzeugte Teilsignal wird als Partikelsignal bezeichnet.

2.3 Magnetische Anisotropie

Unter magnetischer Anisotropie versteht man eine Vorzugsrichtung der Magnetisierung. Verschiedene Eigenschaften eines Partikels können die Richtungsabhängigkeit verursachen. Die Formanisotropie wird durch die äußere Form des Partikels verursacht, die Kristallanisotropie durch die Kristallstruktur des Partikels. Da die Formanisotropie und die Kristallanisotropie den größten Einfluß auf die Magnetisierung superparamagnetischer Partikel haben, werden sie näher beschrieben. Weitere Anisotropieformen sind die Grenz- und Oberflächenanisotropie sowie die magnetoelastische Anisotropie. Auf eine nähere Beschreibung letztgenannter Anisotropieformen wird verzichtet.

2.3.1 Formanisotropie

Die Formanisotropie hängt von der makroskopischen Form der Partikel ab. Um zu verstehen, weshalb die makroskopische Form des Partikels einen solchen Einfluss auf die Magnetisierbarkeit der Partikel hat, stellt man sich die Partikel als aus kleinen Dipolen bestehend vor (siehe Abbildung 2.4). Jeder der virtuellen Dipole bildet ein magnetisches Feld aus, welches die benachbarten Dipole beeinflusst. Aufgrund der geschlossenen Feldlinien verläuft das magnetische Feld ‚außerhalb' eines Dipols antiparallel zur Ausrichtung des Dipols selbst. Versucht man das Partikel zu magnetisieren, so erzeugt jeder Dipol ein magnetisches Feld, welches dem Magnetisierungsfeld entgegenwirkt. Das dem Magnetisierungsfeld entgegenwirkende Feld wird Demagnetisierungsfeld genannt[11, S. 22][12, S. 48].

Bei einem sphärischen Partikel tritt keine Formanisotropie auf. Die Ursache dafür wird klar, wenn man das sphärische Partikel in virtuelle Dipole unterteilt. Da eine Sphäre aus jeder Richtung gleich aussieht, trägt für jede Magnetisierungsrichtung die gleiche Anzahl an Dipolen zum Demagnetisierungsfeld bei. Um die Effekte der Formanisotropie zu modellieren, bevorzugt man eine Beschreibung der Partikel als Ellipsoid.

Das einfache zweidimensionale Partikelmodell aus Abbildung 2.4 dient als Grundlage für die nachfolgenden Betrachtungen. Es handelt sich um eine Ellipse mit einer langen Symmetrieachse und einer kurzen Symmetrieachse. Bei einer Magnetisierung des Partikels entlang der kurzen Symmetrieachse (Abbildung 2.4 - links) wirken viel mehr Dipole dem Magnetisierungsprozess entgegen als es bei einer Magnetisierung entlang der langen Symmetrieachse der Fall ist (Abbildung 2.4 - rechts). Die lange Symmetrieachse bildet eine Vorzugsrichtung der Magnetisierung und wird „Easy Axis" genannt.

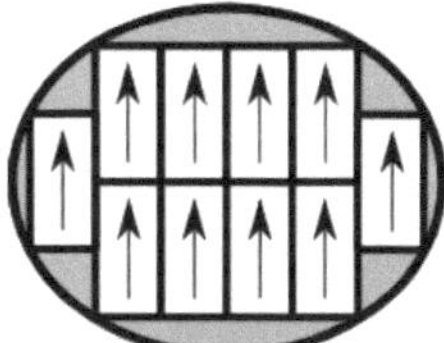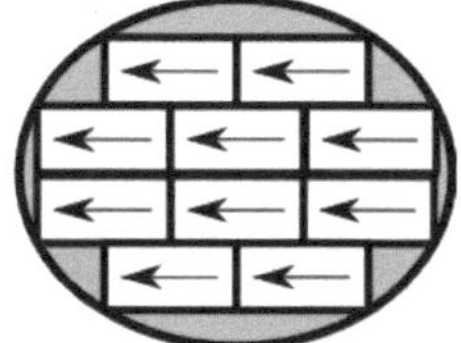

Abbildung 2.4: Teilung eines Partikels Dipole: Jeder virtuelle Dipol erzeugt ein magnetisches Feld, welches seine benachbarten Dipole beeinflußt. Bei einer Magnetisierung entlang der kurzen Symmetrieachse (links) tragen mehr virtuelle Dipole zum Demagnetisierungsfeld bei als entlang der langen Symmetrieachse (rechts).

Die Energielandschaft der Formanisotropie wird durch die magnetostatische Energie E_{ms} gegeben. Bei einem Rotationsellipsoiden wird sie berechnet nach[11, S. 23]:

$$E_{\mathrm{ms}} = -\frac{1}{2}\mu_0 \mathcal{N}_{\mathrm{c}} M_{\mathrm{S}}^2 V_{\mathrm{C}} - \frac{1}{4}\mu_0 M_{\mathrm{S}}^2 V_{\mathrm{C}} \left(1 - 3\mathcal{N}_{\mathrm{C}}\right) \sin^2(\theta). \tag{2.9}$$

M_{S} ist die Sättigungsmagnetisierung, V_{C} ist das Volumen des Partikelkerns, θ ist der Winkel zwischen „Easy Axis" und magnetischem Moment, $\mathcal{N}_{\mathrm{C}}$ ist der Demagnetisierungsfaktor entlang der langen Symmetrieachse. Er ist für einen Rotationsellipsoid gegeben durch[11, S. 23]:

$$\mathcal{N}_{\mathrm{C}} = \frac{1}{\alpha^2 - 1} \left[\frac{\alpha}{2(\alpha^2-1)^{\frac{1}{2}}} ln\left(\frac{\alpha + (\alpha^2-1)^{\frac{1}{2}}}{\alpha - (\alpha^2-1)^{\frac{1}{2}}}\right) - 1\right]. \tag{2.10}$$

α ist das Verhältnis von langer Symmetrieachse zu kurzer Symmetrieachse.

2.3.2 Kristallanisotropie

Die Kristallanisotropie hängt anders als die Formanisotropie von der inneren Struktur der Partikel ab. Die innere Struktur ist dabei die Kristallstruktur des Eisenoxidkerns. Für Temperaturen $T > 180\,\mathrm{K}$ besitzen die verwendeten Magnetitnanopartikel eine kubische Kristallstruktur [13, S. 19]. Aufgrund der Kristallstruktur lassen sich unterschiedliche Achsen der Magnetisierbarkeit finden. Die Achse, für welche die

geringste Magnetisierungsarbeit notwendig ist, nennt sich „Easy Axis". Für die
„Hard Axis" muss die meiste Magnetisierungsarbeit aufgebracht werden, und die
Magnetisierungsarbeit der „Intermediate Axis" liegt zwischen „Easy Axis" und
„Hard Axis". Bei Magnetit entsprechen die „Easy Axes" den <111>-Gittervektoren,
die „Intermediate Axes" den <110>-Gittervektoren und die „Hard Axes" den
<100>-Gittervektoren des Kristalls. Die Kristallanisotropieenergie E_K kann mittels
der Anisotropiekonstanten $K_1 = -1{,}36 \cdot 10^4\,\mathrm{J\,m^{-3}}$ und $K_2 = -0{,}44 \cdot 10^4\,\mathrm{J\,m^{-3}}$
sowie den Richtungskosinussen $\alpha_1, \alpha_2, \alpha_3$ ermittelt werden [14, S. 33][15, S. 292]:

$$E_\mathrm{K} = V\left(K_1\left(\alpha_1\alpha_2 + \alpha_2\alpha_3 + \alpha_3\alpha_1\right) + K_2\left(\alpha_1\alpha_2\alpha_3\right)\right). \tag{2.11}$$

2.4 Paramagnetismus

Beim Paramagnetismus handelt es sich um eine Form des Magnetismus, bei dem
keine Remanenz auftritt. Ursache für das Fehlen der Remanenz ist, dass para-
magnetische Stoffe aus Atomen oder Molekülen bestehen welche über das gleiche
magnetische Netto-Moment verfügen. Durch thermische Einflüsse richten sich die
magnetischen Momente bei Abwesenheit eines externen magnetischen Feldes zufällig im Raum aus. Durch die zufällige Ausrichtung im Raum löschen sich die
magnetischen Momente gegenseitig aus, sodass die Magnetisierung null ist[12, S.
91]. Es folgt, dass ein paramagnetischer Stoff bei Abwesenheit eines magnetischen
Feldes keine dauerhafte Magnetisierung aufweisen kann.

Das Verhalten von paramagnetischen Stoffen in thermodynamischem Gleichge-
wicht und unter Einfluss eines konstanten magnetischen Feldes wird in der Regel
durch die Langevin-Funktion beschrieben, welche im Folgenden vorgestellt wird.

2.4.1 Langevin-Funktion

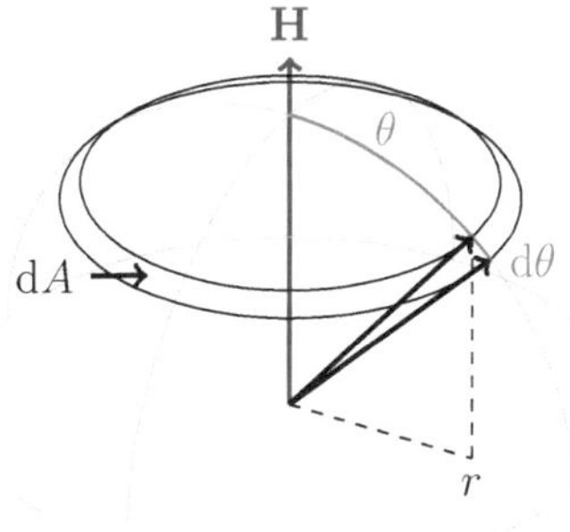

Abbildung 2.5: Magnetische Momente in magnetischem Feld: Die magnetischen Momente (schwarze Pfeile) richten sich in einem konstanten magnetischen Feld **H** aus. θ bezeichnet den Winkel zwischen magnetischem Feld **H** und magnetischem Moment (schwarzer Pfeil).

In diesem Abschnitt soll die Langevin-Funktion näher betrachtet werden. Die Herleitung und Abbildung 2.5 orientieren sich an [12, S. 91 - S. 93]. Zunächst wird die potentielle Energie der magnetischen Momente in einem konstanten magnetischen Feld H betrachtet. Die potentielle Energie ist gegeben durch:

$$E_\mathrm{p} = -\mu H \cos\theta. \tag{2.12}$$

Hierbei ist θ der Winkel zwischen dem magnetischen Moment und dem magnetischen Feld (siehe Abbildung 2.5). Die Wahrscheinlichkeit, ein Teilchen mit der Energie E_p vorzufinden, ist für eine Temperatur T proportional zur Boltzmann-Verteilung $e^{-E_\mathrm{p}/k_\mathrm{B}T}$, wobei k_B die Boltzmann-Konstante ist. Die Anzahl der magnetischen Momente n zwischen den Winkeln θ und $\theta + \mathrm{d}\theta$ ist dabei proportional zur Fläche $\mathrm{d}A$[12, S. 92]. Es gilt also:

$$\mathrm{d}n = K\,\mathrm{d}A e^{-E_\mathrm{p}/k_\mathrm{B}T} = 2\pi K e^{(\mu H \cos\theta/k_\mathrm{B}T)} \sin\theta\,\mathrm{d}\theta. \tag{2.13}$$

K ist ein Proportionalitätsfaktor, der von der Anzahl der betrachteten Partikel abhängt. Integration der infinitesimal kleinen Anzahl an magnetischen Momenten ergibt die Gesamtanzahl der magnetischen Momente:

$$\int_0^n \mathrm{d}n = n. \tag{2.14}$$

Zur Wahrung der Übersichtlichkeit setzt man $\xi = \mu H / k_\mathrm{B} T$. Aus Gleichung 2.13 und 2.14 folgt direkt:

$$2\pi K \int_0^\pi e^{\xi \cos\theta} \sin\theta \, \mathrm{d}\theta = n. \tag{2.15}$$

Um die Magnetisierung in Richtung des magnetischen Feldes **H** zu berechnen, werden die Komponenten der magnetischen Momente die in Feldrichtung zeigen summiert:

$$M = \int_0^\pi \mu \cos\theta \, \mathrm{d}n. \tag{2.16}$$

Durch Substitution der Gleichungen 2.13 und 2.15 in 2.16 folgt:

$$M = 2\pi K\mu \int_0^\pi e^{\xi \cos\theta} \sin\theta \cos\theta \, \mathrm{d}\theta = \frac{n\mu \int_0^\pi e^{\xi \cos\theta} \sin\theta \cos\theta \, \mathrm{d}\theta}{\int_0^\pi e^{\xi \cos\theta} \sin\theta \, \mathrm{d}\theta}. \tag{2.17}$$

Zur Lösung des Ausdrucks setzt man $x = \cos\theta$ und $\mathrm{d}x = -\sin\theta \, \mathrm{d}\theta$:

$$M = \frac{n\mu \int_1^{-1} x e^{\xi x} \, \mathrm{d}x}{\int_1^{-1} e^{\xi x} \, \mathrm{d}x} = n\mu \left(\frac{e^\xi + e^{-\xi}}{e^\xi - e^{-\xi}} - \frac{1}{\xi} \right) = n\mu \left(\coth\xi - \frac{1}{\xi} \right). \tag{2.18}$$

Der Ausdruck $n\mu$ bedeutet, dass alle magnetischen Momente des Ensembles in Richtung des magnetischen Feldes zeigen. Er stellt die maximal mögliche Magnetisierung des Ensembles dar und soll mit M_S bezeichnet werden. Es folgt die bekannte Form der Langevin-Funktion:

$$L(\xi) = \frac{M}{M_\mathrm{S}} = \coth\xi - \frac{1}{\xi}. \tag{2.19}$$

Die Langevin-Funktion ist in Abbildung 2.6 dargestellt.

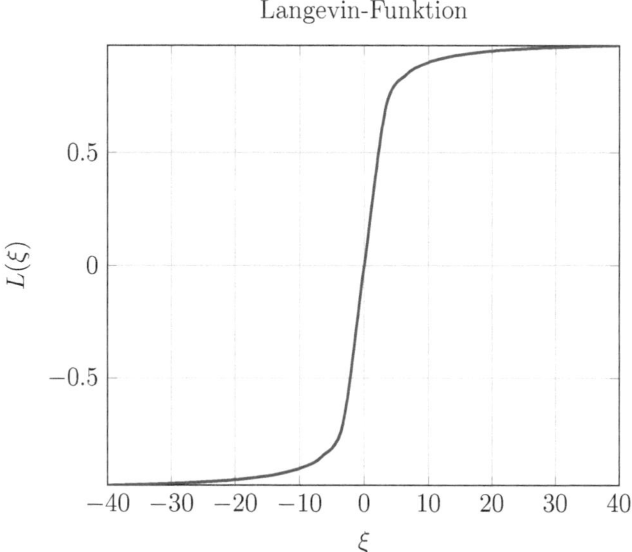

Abbildung 2.6: Die Langevin-Funktion: Die Langevin-Funktion ist im Bereich $-40 \leq \xi \leq 40$ dargestellt.

2.4.2 Superparamagnetismus

Der Begriff des Superparamagnetismus beschreibt das Verhalten sehr kleiner Teilchen aus ferrimagnetischem Material, welche wie Paramagneten agieren. Ein Ensemble solcher Teilchen weist bei Abwesenheit eines magnetischen Feldes keine Magnetisierung auf. Durch ihre geringe Größe reagieren die Partikel empfindlich auf thermische Einflüsse. Die thermischen Einflüsse führen zu einer zufälligen Ausrichtung der magnetischen Momente im Raum. Ist die Zeit τ_r, in der die zufällige Ausrichtung erfolgt, deutlich geringer als die Messzeit eines Messsystems, so ist keine Magnetisierung messbar.

2.4.3 Superparamagnetische Nanopartikel

Zur Beschreibung der superparamagnetischen Nanopartikel wird die in Abbildung 2.7 gezeigte Darstellung verwendet. Die graue Ellipse stellt den Eisenoxidkern dar. Ihm ist ein Vektor **n** zugeordnet, welcher die Ausrichtung des Partikels im Raum beschreibt. Er ist identisch mit der „Easy Axis", welche sich aus der magnetischen Anisotropie ergibt. Die magnetische Anisotropie setzt sich, wie in Abschnitt 2.3 diskutiert, aus Form- und Kristallanisotropie zusammen. Der Vektor μ stellt das magnetische Moment des Partikels dar.

Der Kern des Partikels ist von einer Hülle umgeben. Durch die Hülle erhöht sich die effektive Größe und die Oberfläche des Partikels. Durch die größere Oberfläche des Partikels erhöht sich die Reibung mit dem umgebenden Medium und beeinflusst so die Brownsche Rotation. Die Herstellung von Nanopartikeln mit einer Hülle kann durch Dispersion von Magnetit in Dextran geschehen[16]. Die Hülle ist hier als Kreis um das Partikel dargestellt. Der Kern und die Hülle des Partikels haben einen Durchmesser von wenigen Nanometern.

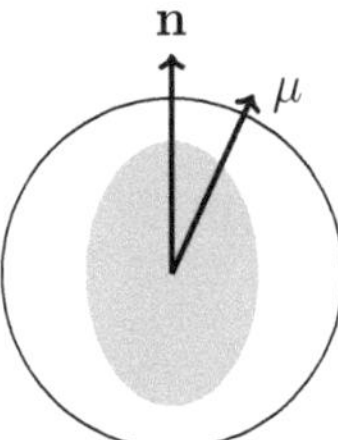

Abbildung 2.7: Partikeldarstellung: Grafische Darstellung eines Nanopartikels. Die graue Ellipse stellt das Eisenoxid-Teilchen, **n** die Ausrichtung im Raum, μ das magnetische Moment und der Kreis die umgebende Hülle dar.

2.5 Rotationsmechanismen

Die Reaktion magnetischer Nanopartikel auf ein magnetisches Feld oder die Änderung eines magnetischen Feldes kann durch zwei Mechanismen beschrieben werden. Bei der Brownschen Rotation dreht sich das Partikel und das magnetische Moment mit ihm. Bei der Néelschen Rotation ändert sich das magnetische Moment in Relation zum Partikel. Beide Mechanismen sollen in den nachfolgenden Abschnitten beschrieben werden. Vorher soll ein einfaches Partikelmodell, das Stoner-Wohlfarth-Modell, vorgestellt werden.

2.5.1 Stoner-Wohlfarth-Modell

Das Stoner-Wohlfarth-Modell (siehe [17]) beschreibt die Partikel ähnlich der in Abbildung 2.7 gezeigten Darstellung. Es wird ein Partikel mit uniaxialer Anisotropie angenommen, welches sich in einem Magnetfeld befindet. Das Magnetfeld soll sich nur entlang einer Achse ändern. Für ein eindimensional veränderliches Magnetfeld können Rotationen im Raum auf Rotationen in einer Ebene reduziert werden. Die Rotationen im Raum werden dazu auf die Ebene projiziert, welche von der Richtung der „Easy Axis" und des magnetischen Feldes aufgespannt wird.

Das Verhalten des Partikels kann durch fünf Parameter beschrieben werden. Das magnetische Feld $\mathbf{H}$, die „Easy Axis" $\mathbf{n}$ und das magnetische Moment μ sind Vektorgrößen. Die Parameter θ und φ sind Winkel. Der Winkel θ liegt zwischen magnetischem Feld und der „Easy Axis", φ ist der Winkel zwischen magnetischem Feld und dem magnetischen Moment des Partikels. Abbildung 2.8 zeigt das Stoner-Wohlfarth-Modell und die genannten Parameter.

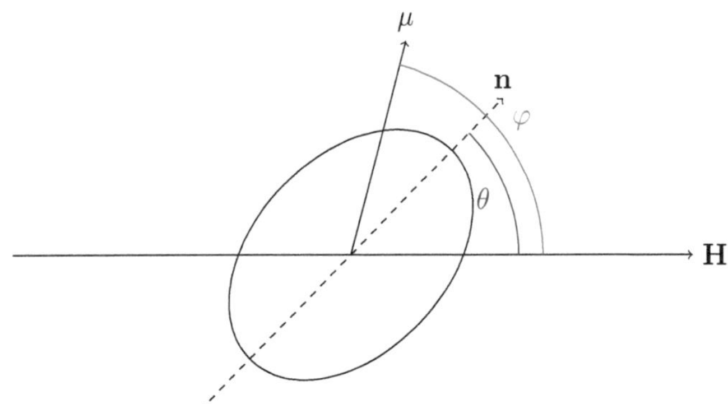

Abbildung 2.8: Stoner-Wohlfarth-Modell: Das Stoner-Wohlfarth-Modell beschreibt die Ausrichtung von magnetischem Moment μ und „Easy Axis" **n** in einem magnetischen Feld **H**.

2.5.2 Brownrotation

Betrachtet man ein zufällig ausgerichtetes Partikel in einem Magnetfeld, so wird sich das Partikel mit der „Easy Axis" in Richtung des magnetischen Feldes ausrichten. Entlang der „Easy Axis" ist die geringste Energie notwendig um das Partikel zu magnetisieren, eine Ausrichtung der „Easy Axis" in Richtung des Feldes ist folglich der energetisch günstigste Zustand des Systems.

Die Rotation des Teilchens wird durch die Reibung mit dem umgebenden Medium gedämpft. Folglich wird die Brown'sche Rotation von der Größe des Partikels und der Viskosität des umgebenden Mediums beeinflusst. Sie wird beschrieben durch[18][19][20]:

$$\frac{d\mathbf{n}}{dt} = \frac{V_C M_S}{6\eta V_H} \left(\mathbf{n} \times \mathbf{B}\right) \times \mathbf{n} + \mathbf{N}(t) \times \mathbf{n}. \tag{2.20}$$

Der Vektor **n** bezeichnet die „Easy Axis" beziehungsweise die Ausrichtung des Partikels im Raum, M_S die Sättigungsmagnetisierung, V_C das Volumen des Eisenoxid-

Kerns, V_H das Volumen des gesamten Teilchens inklusive der umgebenden Dextranhülle, η ist die dynamische Viskosität des umgebenden Mediums, $\mathbf{B}$ ist die magnetische Flussdichte des magnetischen Feldes und $\mathbf{N}(t)$ ein Zufallsvektor, der den thermischen Einfluss modelliert. Die Zufallsgröße $\mathbf{N}(t)$ hat folgende Eigenschaften:

$$\langle N_i(t)\rangle = 0 \quad \langle N_i(t)N_j(t')\rangle = \frac{2k_\mathrm{B}T}{6\eta V_\mathrm{H}}\delta(t-t')\delta_{ij} \quad i,j = 1,2,3. \tag{2.21}$$

Auf die Herleitung der Gleichung wird in Abschnitt 3.1.1 näher eingegangen. Die Brownrotation ist in Abbildung 2.9 dargestellt.

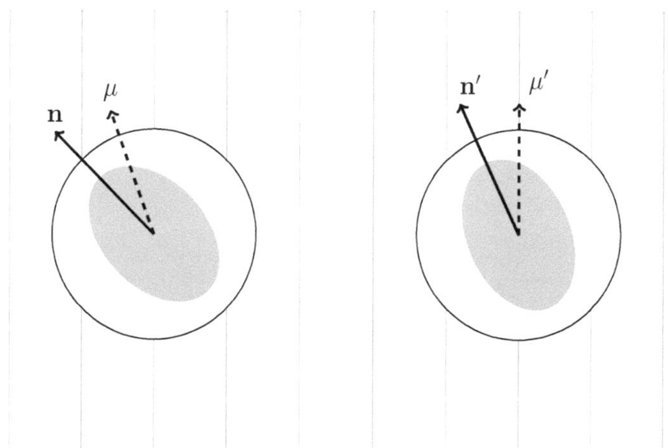

Abbildung 2.9: Darstellung der Brownschen Rotation: In einem magnetischen Feld (blau) wird das Teilchen aus seiner Ausgangslage (links) in Richtung des Magnetfeldes rotieren (rechts), sodass das magnetische Moment in Feldrichtung zeigt. Der Winkel zwischen magnetischem Moment und „Easy Axis" bleibt bei der Brownschen Rotation gleich.

Man sieht, dass bei der Brownschen Rotation das ganze Partikel in Richtung des magnetischen Feldes rotiert, bis das magnetische Moment des Partikels und das magnetische Feld gleich ausgerichtet sind.

2.5.3 Néelsche Rotation

Erneut betrachtet man zufällig im Raum ausgerichtete Partikel, welche sich in einem magnetischen Feld befinden. Im Unterschied zum magnetischen Feld bei Brownscher Rotation soll sich das hier betrachtete Feld schnell ändern. Nimmt man Brownsche Rotation an, würde das Partikel in Richtung des Feldes rotieren. Durch die dämpfende Wirkung des umgebenden Mediums auf die Partikelrotation, kann das magnetische Moment bei sehr schnellen Änderungen des magnetischen Feldes nicht mehr durch Partikelrotation ausgerichtet werden. Unter dem Einfluss des magnetischen Feldes werden die magnetischen Momente sich dennoch ausrichten. Der Vorgang kann beschrieben werden, indem man das Partikel als fest ausgerichtet annimmt und lediglich eine Änderung des magnetischen Moments zulässt. Bei der daraus folgenden Bewegung handelt es sich um eine Präzessionsbewegung. Die Präzessionsbewegung hängt von der Stärke des magnetischen Feldes und der magnetischen Anisotropie des Partikels ab[21]. Die Anisotropie wird dabei als magnetisches Feld modelliert, welches dem externen magnetischen Feld überlagert wird[22]. Die thermischen Einflüsse werden, wie bei der Brownschen Rotation, durch eine Zufallsgrösse modelliert. Folgende Gleichung beschreibt die Néelsche Rotation[23]

$$\frac{\mathrm{dm}}{\mathrm{d}t} = -\frac{\gamma}{(1+\alpha^2)} \left\{ \mathbf{m} \times \left(\mathbf{B}^\mathrm{d} + \mathbf{B}^\mathrm{t} \right) - \frac{\alpha}{M_\mathrm{S}} \mathbf{m} \times \left[\mathbf{m} \times \left(\mathbf{B}^\mathrm{d} + \mathbf{B}^\mathrm{t} \right) \right] \right\} \qquad (2.22)$$

Hierbei sind $\mathbf{m}$ das reduzierte magnetische Moment $\mathbf{m} = \mu/|\mu|$ des Teilchens, γ das gyromagnetische Verhältnis, α ein Dämpfungsfaktor, $\mathbf{B}^\mathrm{d}$ die deterministische, magnetische Flussdichte, welche sich aus den magnetischen Flussdichten des externen magnetischen Feldes sowie der Anisotropiefelder zusammensetzt, $\mathbf{B}^\mathrm{t}$ ist die zufällige magnetische Flussdichte welche durch thermische Einflüsse hervorgerufen wird und M_S ist die Sättigungsmagnetisierung. Die Zufallsgrösse $\mathbf{B}^\mathrm{t}$ hat folgende Eigenschaften:

$$\left\langle B_i^\mathrm{t}(t) \right\rangle = 0 \quad \left\langle B_i^\mathrm{t}(t) B_j^\mathrm{t}(t') \right\rangle = \frac{2\alpha k_\mathrm{B} T}{\gamma M_\mathrm{S} V_\mathrm{C}} \delta(t - t')\delta_{ij} \quad i,j = 1,2,3 \qquad (2.23)$$

Auf die Herleitung der Gleichung wird im Abschnitt 3.1.2 näher eingegangen. Die Néelsche Rotation ist in Abbildung 2.10 dargestellt.

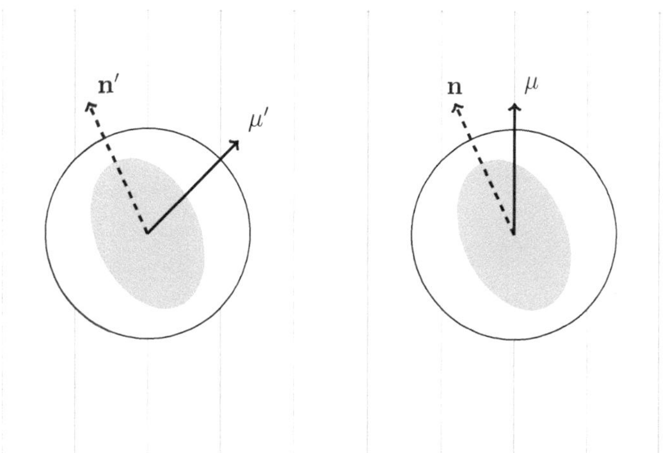

Abbildung 2.10: Darstellung der Néelschen Rotation: In einem magnetischen Feld (blau), welches sich zu schnell für eine Teilchenrotation ändert, wird das magnetische Moment aus seiner Ausgangslage (links) in Richtung des Magnetfeldes rotieren (rechts). Der Winkel zwischen „Easy Axis" und magnetischem Moment ändert sich.

Man sieht in Abbildung 2.10 wie sich das magnetische Moment in Richtung des magnetischen Feldes ausrichtet. Währenddessen bleibt die „Easy Axis" unverändert in ihrer Ausrichtung.

Kapitel 3

Partikelmodell und Simulation des Partikelverhaltens

In diesem Kapitel soll das Verhalten der Partikel durch Simulationen vorausgesagt werden. Dazu werden die zwei bekanntesten Simulationsmethoden besprochen und diskutiert. Die gängigsten Ansätze sind dabei die direkte Simulation der Bewegungsgleichungen und die Lösung der zugehörigen Fokker-Planck-Gleichung. Der Inhalt des Kapitels richtet sich nach den Darstellungen aus [11], [24] und [25]. Das Kapitel wird mit der Vorstellung und Diskussion der Simulationsergebnisse abgeschlossen.

3.1 Simulation mittels Bewegungsgleichungen

Das Verhalten der „Easy Axis" und des magnetischen Momentes wird durch ihre Bewegungsgleichungen beschrieben. Es handelt sich dabei um stochastische Differentialgleichungen, welche als Langevin-Gleichungen bezeichnet werden. Aus den Bewegungsgleichungen kann das Verhalten von „Easy Axis" und magnetischem Moment an diskreten Zeitpunkten berechnet werden. Die Bewegungsgleichungen für die Brownsche und Néelsche Rotation ergeben sich wie nachfolgend dargestellt.

3.1.1 Bewegungsgleichung der Brownschen Rotation

Für eine Kugel mit einem festen magnetischen Moment ist die Bewegungsgleichung der Rotation gegeben durch [26]:

$$\hat{\boldsymbol{I}}\frac{\mathrm{d}\omega}{\mathrm{d}t} = \mu \times \mathbf{B} + \lambda - \hat{\boldsymbol{\zeta}}\omega. \tag{3.1}$$

Wobei $\hat{\boldsymbol{I}}$ und $\hat{\boldsymbol{\zeta}}$ hier der Trägheitstensor und der Reibungstensor sind. Die Vektoren ω, μ, $\mathbf{B}$ und λ bezeichnen die Winkelgeschwindigkeit, das magnetische Moment, die magnetische Flussdichte des magnetischen Feldes und die Zufallsgröße, welche den thermischen Einfluss modelliert. Die Zufallsgröße λ hat folgende Eigenschaften:

$$\langle \lambda(t) \rangle = 0 \quad \langle \lambda_i(t)\lambda_j(t') \rangle = 2\mathcal{D}_\mathrm{B}\delta_{ij}\delta(t - t'). \tag{3.2}$$

Die Diffusionskonstante $\mathcal{D}_\mathrm{B}$ ist gegeben durch die Stokes-Einstein-Gleichung $\mathcal{D}_\mathrm{B} = \frac{k_\mathrm{B}T}{\zeta}$. Durch die Modellierung des Teilchens als Kugel reduziert sich der Trägheitstensor zu einer Konstanten $\zeta = 6\eta V_\mathrm{H}$. Zudem kann man die Effekte der Trägheit vernachlässigen[26]. Mit der Viskosität η und dem Volumen der betrachteten Kugel V_H erhält man zunächst:

$$0 = \mu \times \mathbf{B} + \lambda - 6\eta V_\mathrm{H}\omega \tag{3.3}$$

und mit der Relation

$$\frac{\mathrm{d}}{\mathrm{d}t}\mu = \omega \times \mu \tag{3.4}$$

, welche die Änderung des magnetischen Moments μ durch seine Winkelgeschwindigkeit ω beschreibt, folgt:

$$6\eta V_\mathrm{H}\frac{\mathrm{d}}{\mathrm{d}t}\mu = \lambda \times \mu + [\mu \times \mathbf{B}] \times \mu. \tag{3.5}$$

Verwendet man noch das reduzierte magnetische Moment $\mathbf{m} = \mu/|\mu_0|$ mit $|\mu_0| = M_\mathrm{S}V_\mathrm{C}$[11, S. 59] und benennt λ in $\mathbf{N}(t)$ um, so erhält man die Bewegungsgleichung der Brownschen Rotation für das reduzierte magnetische Moment. Aufgrund der Annahme, dass magnetisches Moment und „Easy Axis" fest in Relation zueinander sind, ergibt sich die bereits aus Abschnitt 2.5.2 bekannte Bewegungsgleichung für die Brownsche Rotation:

$$\frac{\mathrm{d}\mathbf{n}}{\mathrm{d}t} = \frac{V_{\mathrm{C}}M_{\mathrm{S}}}{6\eta V_{\mathrm{H}}}\left(\mathbf{n}\times\mathbf{B}\right)\times\mathbf{n} + \mathbf{N}(t)\times\mathbf{n}. \tag{3.6}$$

3.1.2 Bewegungsgleichung der Néelschen Rotation

Zur Herleitung der Bewegungsgleichung der Néelschen Rotation setzt man bei der Bewegung eines Elektrons in einem magnetischen Feld $\mathbf{H}$ an. Der Eigendrehimpuls eines Elektrons ω_{e} und sein magnetisches Moment μ_{e} hängen wie folgt zusammen[25, S. 277]:

$$\mu_{\mathrm{e}} = -\gamma\omega_{\mathrm{e}} \tag{3.7}$$

, dabei sei γ das gyromagnetische Verhältnis. Bringt man ein Elektron in ein magnetisches Feld, so wird das magnetische Moment dazu tendieren, sich in Richtung des magnetischen Feldes auszurichten. Der Eigendrehimpuls hingegen wird nicht direkt durch das magnetische Feld beeinflusst und tendiert dazu, seine bisherige Bewegung beizubehalten. Daraus ergibt sich eine Präzessionsbewegung um das magnetische Feld. Sie kann durch einen Drehmoment $\mathbf{L}_{\mathrm{e}}$ beschrieben werden:

$$\mathbf{L}_{\mathrm{e}} = \frac{\mathrm{d}\omega_{\mathrm{e}}}{\mathrm{d}t} = \mu_{\mathrm{e}}\times\mathbf{H}^{\mathrm{eff}}. \tag{3.8}$$

Setzt man Gleichung 3.8 in die zeitliche Ableitung von Gleichung 3.7 ein so erhält man:

$$\frac{\mathrm{d}\mu_{\mathrm{e}}}{\mathrm{d}t} = -\gamma\mu_{\mathrm{e}}\times\mathbf{H}^{\mathrm{eff}} \tag{3.9}$$

, die gyromagnetische Gleichung für Elektronen. Elektronen, deren magnetisches Moment durch das magnetische Moment eines anderen Elektrons eliminiert werden heißen ‚kompensiert‘. Ist ein Elektron nicht kompensiert, so wird es als ‚unkompensiert‘ bezeichnet. In ferromagnetischen Partikeln mit einem einzelnen Wießschen Bezirk sind alle unkompensierten Elektronen gleich ausgerichtet[25, S. 278]. Folglich kann Gleichung 3.9 für die Beschreibung des magnetischen Moments eines solchen Partikels genutzt werden. Allerdings beschreibt die Gleichung eine ungedämpfte

Präzession und es muss ein zusätzlicher Dämpfungsterm, der die Randbedingnung $|\mu| = V_{\mathrm{C}} M_{\mathrm{S}}$ erfüllt, eingeführt werden. Es ergibt sich die Landau-Lifschitz-Gleichung:

$$\frac{\partial \mu}{\partial t} = -\gamma \mu \times \mathbf{H}^{\mathrm{eff}} - \frac{\lambda}{M_{\mathrm{S}}} \mu \times \left(\mu \times \mathbf{H}^{\mathrm{eff}} \right). \tag{3.10}$$

Für große Dämpfungsfaktoren λ weist die Gleichung unphysikalisches Verhalten auf, welches mit der von Gilbert erweiterten Landau-Lifschitz-Gilbert-Gleichung behoben wurde:

$$\frac{\partial \mu}{\partial t} = -\frac{\gamma}{1 + \alpha^2} \mu \times \mathbf{H}^{\mathrm{eff}} - \frac{\gamma \alpha}{(1 + \alpha^2) \, M_S} \mu \times \left(\mu \times \mathbf{H}^{\mathrm{eff}} \right). \tag{3.11}$$

Für Magnetit ist der neu eingeführte Dämpfungsfaktor $\alpha \approx 0,1$. Das effektive magnetische Feld H^{eff} enthält den deterministischen Feldanteil $\mathbf{H}^{\mathrm{e}}$ und das durch die thermischen Einflüsse erzeugte magnetische Feld $\mathbf{H}^{\mathrm{t}}$:

$$\mathbf{H}^{\mathrm{eff}} = \mathbf{H}^{\mathrm{e}} + \mathbf{H}^{\mathrm{t}} \tag{3.12}$$

Durch erneute Nutzung des reduzierten magnetischen Moments $\mathbf{m} = \mu / |\mu_0|$ folgt schliesslich die aus Abschnitt 2.5.3 bekannte Gleichung:

$$\frac{\mathrm{d}\mathbf{m}}{\mathrm{d}t} = -\frac{\gamma}{(1 + \alpha^2)} \left\{ \mathbf{m} \times \left(\mathbf{B}^{\mathrm{e}} + \mathbf{B}^{\mathrm{t}} \right) - \frac{\alpha}{M_{\mathrm{S}}} \mathbf{m} \times \left[\mathbf{m} \times \left(\mathbf{B}^{\mathrm{e}} + B^{t} \right) \right] \right\}. \tag{3.13}$$

Das zufällige thermische Feld $\mathbf{H}_{\mathrm{t}}$ hat folgende Eigenschaften:

$$\left\langle \mathbf{H}^{\mathrm{t}}(t) \right\rangle = 0 \quad \left\langle H_i^{\mathrm{t}}(t) H_j^{\mathrm{t}}(t') \right\rangle = 2 \mathcal{D}_{\mathrm{N}} \delta_{ij} \delta(t - t') \tag{3.14}$$

, mit $\mathcal{D}_{\mathrm{N}} = \frac{k_{\mathrm{B}} T \alpha}{\mu_0 |\mu| \gamma}$.

3.1.3 Kombination der Rotationsmechanismen

Bisher wurden die Rotationsmechanismen als unabhängige Vorgänge betrachtet. Im Allgemeinen ist dies falsch und sie müssen als voneinander abhängig betrachtet werden [27]. Um die Abhängigkeit der Rotationsmechanismen in der Simulation zu beachten, wird folgendes Schema angewendet[11, S. 68]. Zunächst berechnet man die Effekte der Brownrotation:

$$\mathbf{n}(\tau) \to \mathbf{n}(\tau + \Delta t) \tag{3.15}$$

$$\mathbf{m}(\tau) \to \mathbf{m}_\mathrm{B}(\tau + \Delta t). \tag{3.16}$$

Im Anschluss werden die Prozesse der Néelschen Rotation berechnet:

$$\mathbf{m}(\tau) \to \mathbf{m}_\mathrm{N}(\tau + \Delta t) \tag{3.17}$$

und die reduzierten magnetischen Momente kombiniert

$$\mathbf{m}(\tau + \Delta t) = (\mathbf{m}_\mathrm{B}(\tau + \Delta t) + \mathbf{m}_\mathrm{N}(\tau + \Delta t)) - \mathbf{m}(\tau). \tag{3.18}$$

Abschließend werden das magnetische Moment und der Richtungsvektor des Teilchens auf Einheitslänge gebracht, was zu einer höheren numerischen Stabilität beiträgt:

$$\mathbf{m}(\tau + \Delta t) = \frac{\mathbf{m}(\tau + \Delta t))}{|\mathbf{m}(\tau + \Delta t)|} \tag{3.19}$$

$$\mathbf{n}(\tau + \Delta t) = \frac{\mathbf{n}(\tau + \Delta t))}{|\mathbf{n}(\tau + \Delta t)|}. \tag{3.20}$$

3.1.4 Simulation der Bewegungsgleichungen

Bei den Bewegungsgleichungen handelt es sich um sogenannte stochastische Differentialgleichungen (SDE). Eine SDE hat die allgemeine Form:

$$\frac{\mathrm{d}\xi(t)}{\mathrm{d}t} = h(\xi(t), t) + g(\xi(t), t)\lambda(t). \tag{3.21}$$

Dabei sind g und h zwei voneinander unabhängige Funktionen. Die Lösung der SDEs ist problematisch, da der stochastische Term für Brownsche Bewegung nicht differenzierbar ist[28, S. 73]. Man bedient sich infolgedessen der Integralform der SDE[28, S. 96][11, S. 35]:

$$\xi(t+\tau) - \xi(t) = \int_t^{t+\tau} \left[(\xi(t'), t') + g(\xi(t'), t')\lambda(t') \right] dt'. \tag{3.22}$$

Während der erste Term von 3.22 wohldefiniert ist, kann der zweite Term als Riemann-Stieltjes-Integral mit einem Wiener-Prozess als Testfunktion betrachtet werden. Die Integralform der SDE liest sich als

$$\xi(t+\tau) - \xi(t) = \int_t^{t+\tau} h(\xi(t'), t')dt' + \int_t^{t+\tau} g(\xi(t'), t')dW(t'). \tag{3.23}$$

Allerdings ist die Interpretation der Integralform einer SDE, vor allem bezüglich des Riemann-Stieltjes-Integrals, nicht eindeutig definiert. Das Riemann-Stieltjes-Integral

$$\int_{t_0}^{t_e} g(t)\, \mathrm{d}W(t), \tag{3.24}$$

lässt sich über den Grenzwert der Summe

$$S_n = \sum_{i=1}^{N} g(\tau_i) \left[W(t_i) - W(t_{i-1}) \right] \tag{3.25}$$

berechnen[29, S. 509]. Es stellt sich die Frage an welchem Zeitpunkt τ_i des Intervalls $[t_i, t_{i+1}]$ das Integral ausgewertet wird. Es existieren zwei übliche Interpretationen. Zum einen die Interpretation nach Itô[30], welche das Integral am Anfang des Intervalles auswertet

$$\int_{t_0}^{t} g(\xi(t'), t')dW(t') = \lim_{n \to \infty} \sum_{i=0}^{n} g(\xi(t_i), t_i) \left[W(t_{i+1}) - W(t_i) \right]. \tag{3.26}$$

Sowie die Interpretation nach Stratonovich[31], welche das Integral auswertet indem über die stochastische Variable $\xi(t)$ im Interval $[t_i, t_{i+1}]$ gemittelt wird

$$\int_{t_0}^{t} g(\xi(t'), t')dW(t') = \lim_{n \to \infty} \sum_{i=0}^{n} g\left(\frac{\xi(t_i) + \xi(t_{i+1})}{2}, t_i \right) \left[W(t_{i+1}) - W(t_i) \right]. \tag{3.27}$$

Welche Interpretation gewählt werden sollte, hängt vom jeweiligen Problem ab. Für einen Prozess der farbigem Rauschen unterliegt, was bei den Diffusionsprozessen der Néelschen und Brownschen Rotation der Fall ist, wendet man die Stratonovich-Interpretation an[26][11, S. 39][32]. Da die verwendeten Lösungsverfahren, das Heun-sowie das Euler-Maruyama-Verfahren im Sinne der Itô-Interpretation konvergieren, müssen die Bewegungsgleichungen entsprechend umgewandelt werden. Eine SDE der Stratonovich-Form

$$\frac{\mathrm{d}\xi(t)}{\mathrm{d}t} = h(\xi(t), t) + g(\xi(t), t) \circ \lambda(t) \tag{3.28}$$

kann durch Addition eines Korrekturterms in eine SDE der Ito-Form transformiert werden

$$\frac{\mathrm{d}\xi(t)}{\mathrm{d}t} = h(\xi(t), t) + g(\xi(t), t)\lambda(t) + \underbrace{\frac{1}{2}g(\xi(t), t)\frac{\partial}{\partial \xi}g(\xi(t), t)}_{\text{Korrekturterm}}. \tag{3.29}$$

Das Symbol $\circ$ in Gleichung 3.28 macht dabei deutlich, dass es sich bei der SDE um eine Gleichung der Stratonovich-Form handelt.

3.2 Lösung der Fokker-Planck-Gleichung

Bei der Fokker-Planck-Gleichung handelt es sich um eine partielle Differentialgleichung (PDE), welche die zeitliche Entwicklung einer Wahrscheinlichkeitsdichtefunktion unter dem Einfluss von Drift und Diffusion beschreibt. Der Drift wird im Falle der Néelschen und Brownschen Rotationen durch die deterministische Ausrichtungsänderung des magnetischen Momentes verursacht. Der thermische Einfluss richtet die magnetischen Momente zufällig aus, sodass sich die Wahrscheinlichkeitsdichtefunktion einer Gleichverteilung nähert. Die zufällige Ausrichtung der magnetischen Momente wird durch den Diffusionsterm beschrieben.

3.2.1 Ermittlung der Fokker-Planck-Gleichung

Die allgemeine Fokker-Planck-Gleichung in drei Dimensionen lautet

$$\frac{\partial P(\mathbf{x},t)}{\partial t} = -\sum_{i=1}^{3} \frac{\partial}{\partial x_i} D_i^{(1)} P(\mathbf{x},t) + \frac{1}{2} \sum_{ij} \frac{\partial^2}{\partial x_i \partial x_j} D_{ij}^{(2)} P(\mathbf{x},t). \tag{3.30}$$

$D^{(1)}$ und $D^{(2)}$ sind der Drift- und Diffusionskoeffizient, sowie $\mathbf{x}$ die Zustände der zugrunde liegenden Langevin-Gleichung

$$\frac{\mathrm{d}}{\mathrm{d}t}\xi = h(\xi(t),t) + g(\xi(t),t)\lambda(t). \tag{3.31}$$

Für eine Langevin-Gleichung kann die zugehörige Fokker-Planck-Gleichungen bestimmt werden, indem die Drift- und Diffusionskoeffizienten ermittelt werden. Für die Bestimmung der Koeffizienten kann man folgende Gleichungen nutzen[11, S. 40]:

$$D_i^{(1)} = h_i + D \sum_{jk} g_{jk} \frac{\partial g_{ik}}{\partial x_j}. \tag{3.32}$$

$$D_{ij}^{(2)} = 2D \sum_{k} g_{ik} g_{jk}. \tag{3.33}$$

h_i und g_{ik} sind die Drift- und Diffusionsfunktionen, D ist die Diffusionskonstante des betrachteten Rotationsmechanismus.

3.2.2 Die Fokker-Planck-Gleichung für Brownsche Rotation

Für Brownsche Rotation sind die Drift- und Diffusionsfunktion h_i und g_{ik} gegeben durch[11, S. 46]:

$$h_i = \frac{\mu_0 |\mu|}{\zeta} \left(H_i - m_i(\mathbf{mH}) \right) \tag{3.34}$$

$$g_{ik} = -\frac{1}{\zeta} \sum_{p} \epsilon_{ipk} m_p \tag{3.35}$$

Wobei ϵ_{ipk} das Levi-Civitas Symbol ist. Mit 3.32 und 3.33 folgt die Fokker-Planck-Gleichung der Brownschen Rotation[11, S. 47]:

$$\frac{\partial P}{\partial t} = -\frac{\partial}{\partial \mathbf{m}} \left(\frac{\mu_0 |\mu|}{\zeta} \left[\mathbf{H} - \mathbf{m}(\mathbf{mH}) \right] - \frac{\mathcal{D}_\mathrm{B}}{\zeta^2} \left[\mathbf{m} \times \left(\mathbf{m} \times \frac{\partial}{\partial \mathbf{m}} \right) \right] \right) P. \tag{3.36}$$

3.2.3 Die Fokker-Planck-Gleichung für Néelsche Rotation

Analog zur Ermittlung der Fokker-Planck-Gleichung für Brownrotation, müssen bei der Néelrotation zunächst die Drift- und Diffusionsfunktionen ermittelt werden. Sie sind gegeben durch [11, S. 60]:

$$h_i = \left[-\frac{\gamma}{(1+\alpha^2)} \mathbf{m} \times \mathbf{H}^{\mathrm{eff}} - \frac{\alpha\gamma}{(1+\alpha^2)} \mathbf{m} \times \left(\mathbf{m} \times \mathbf{H}^{\mathrm{eff}} \right) \right]_i \tag{3.37}$$

$$g_{ik} = -\frac{\gamma}{(1+\alpha^2)} \sum_{p=1}^{3} \epsilon_{ipk} m_p - \frac{\alpha\gamma}{(1+\alpha^2)} (m_i m_k - \delta_{ik} \mathbf{m}^2). \tag{3.38}$$

Die Fokker-Planck-Gleichung für Néel'sche Rotation kann durch erneute Anwendung von 3.32 und 3.33 gewonnen werden[11, S. 60 - S. 61]:

$$\begin{aligned}
\frac{\partial P}{\partial t} = \frac{\partial}{\partial \mathbf{m}} &\left[\frac{\gamma}{(1+\alpha^2)} \mathbf{m} \times \mathbf{H}^{\mathrm{eff}} + \frac{\alpha\gamma}{(1+\alpha^2)} \mathbf{m} \times \left(\mathbf{m} \times \mathbf{H}^{\mathrm{eff}} \right) \right.\\
&\left. - \left(\frac{\mathcal{D}_\mathrm{N} \gamma^2}{(1+\alpha^2)} \right) \left(\mathbf{m} \times \left(\mathbf{m} \times \frac{\partial}{\partial \mathbf{m}} \right) \right) P \right].
\end{aligned} \tag{3.39}$$

3.2.4 Numerische Lösung der Fokker-Planck-Gleichungen

Um die Lösung der Fokker-Planck-Gleichungen zu vereinfachen, werden sie in Kugelkoordinaten notiert. Anschliessend werden die Wahrscheinlichkeitsdichten P in Legendre-Polynome entwickelt. Daraus lässt sich ein System gekoppelter Differentialgleichungen finden, welche sich mittels numerischer Verfahren lösen lassen. Das Verfahren wird exemplarisch für die Brownsche Rotation gezeigt. Das

Vorgehen bei Néelscher Rotation ist identisch. Die Fokker-Planck-Gleichung für Brownsche Rotation in Kugelkoordinaten lautet[11, S. 48]:

$$2\tau_{\mathrm{B}}\frac{\partial P}{\partial t} = \Delta P + \frac{1}{k_{\mathrm{B}}T}\left[\frac{1}{\sin\theta\frac{\partial}{\partial\theta}}\left(\sin\theta P\frac{\partial V}{\partial\theta}\right) + \frac{1}{\sin^2\theta}\frac{\partial}{\partial\varphi}\left(P\frac{\partial V}{\partial\varphi}\right)\right]. \tag{3.40}$$

Wobei Δ der LaPlace-Operator in Kugelkoordinaten ist und $\tau_{\mathrm{B}} = \frac{3\eta V_{\mathrm{H}}}{k_{\mathrm{B}}T}$ die Brown-Relaxationszeit bei Abwesenheit eines magnetischen Feldes[33]. Das Potential V ergibt sich für ein sich eindimensional änderndes magnetischen Feld als[11, S. 48]:

$$V = -\mu_0|\mu|H\cos\theta. \tag{3.41}$$

Die Fokker-Planck-Gleichung ist nicht mehr von φ abhängig. Die vereinfachte Fokker-Planck-Gleichung beinhaltet ausschließlich Terme in Abhängigkeit von θ

$$2\tau_{\mathrm{B}}\frac{\partial P(\theta,\varphi)}{\partial t} = \frac{1}{\sin\theta}\frac{\partial}{\partial\theta}\left[\sin\theta\left(\frac{\partial P(\theta,t)}{\partial\theta} + \frac{\mu_0|\mu|H}{k_{\mathrm{B}}T}P(\theta,t)\right)\right]. \tag{3.42}$$

Durch Substitution von $x = \cos\theta$ ergibt sich:

$$2\tau_{\mathrm{B}}\frac{\partial P}{\partial t} = \frac{\partial}{\partial x}\left[(1-x^2)\left(\frac{\partial P}{\partial x} - \frac{\mu_0|\mu|H}{k_{\mathrm{B}}T}P\right)\right], \tag{3.43}$$

die vollständig vereinfachte und modifizierte Version der Fokker-Planck-Gleichung für Brownsche Rotation. Die vereinfachte Fokker-Planck-Gleichung für Néelsche Rotation erhält man analog[33]:

$$2\tau_{\mathrm{N}}\frac{\partial P}{\partial t} = \frac{\partial}{\partial x}\left[(1-x^2)\left(\frac{\partial P}{\partial x} - \frac{\mu_0|\mu|H}{k_{\mathrm{B}}T}P - \frac{2KV_{\mathrm{C}}}{k_{\mathrm{B}}T}xP\right)\right] \tag{3.44}$$

Hierbei sei K die Anisotropiekonstante und $\tau_{\mathrm{N}} = \frac{\beta(1+\alpha^2)M_{\mathrm{S}}}{2\gamma\alpha}$ und $\beta = V_{\mathrm{C}}/(k_{\mathrm{B}}T)$[33]. Nach diesen Vereinfachungen wird die Wahrscheinlichkeitsdichtefunktion in Legendre-Polynome entwickelt

$$P = \sum_{n=0}^{\infty} a_n(t)L_n(x) \tag{3.45}$$

, wobei L_n das Legendre-Polynom vom Grad n ist. Durch Einsetzen von 3.45 in 3.43 und 3.44, sowie Nutzung von Orthogonalitäts - und Rekursionsrelationen für Legendre Polynome, ergibt sich ein System von gekoppelten Differentialgleichungen[33]. Für Brownsche Rotation ist das System beschrieben durch

$$\frac{2\tau_\mathrm{B}}{n(n+1)}\frac{\mathrm{d}a_n}{\mathrm{d}t} = -a_n + \frac{\mu_0|\mu|H}{k_\mathrm{B}T}\left[\frac{a_{n-1}}{2n-1} - \frac{a_{n+1}}{2n+3}\right] \tag{3.46}$$

und für Néelsche Rotation

$$\begin{aligned}
\frac{2\tau_\mathrm{N}}{n(n+1)}\frac{\mathrm{d}a_n}{\mathrm{d}t} =\ & -a_n + \frac{\mu_0|\mu|H}{k_\mathrm{B}T}\left[\frac{a_{n-1}}{2n-1} - \frac{a_{n+1}}{2n+3}\right] \\
& + \frac{2KV_\mathrm{C}}{k_\mathrm{B}T}\left[\frac{(n-1)a_{n-2}}{(2n-3)(2n-1)}\right.\\
& + \frac{na_n}{(2n-1)(2n+1)} - \frac{(n+1)a_n}{(2n+1)(2n+3)} \\
& \left.- \frac{(n+2)a_{n+2}}{(2n+3)(2n+5)}\right].
\end{aligned} \tag{3.47}$$

Das System aus gekoppelten Differentialgleichungen kann numerisch gelöst werden. Dazu wird das in der Software MatLab[1] integrierte numerische Integrationsverfahren *ode15s* genutzt. Die Reihe aus Legendre-Polynomen konvergiert dabei so schnell, dass die Berechnungen für Brownsche Rotation nach dem dreißigsten Term und für Néelsche Rotation nach dem fünfzigsten Term abgebrochen werden können[33].

3.3 Diskussion der Simulationsmethoden

Um das Partikelverhalten zu simulieren, wurden die beiden gängigsten Simulationsverfahren vorgestellt. Beide Verfahren sind in der Lage, Brownsche und Néelsche Rotation zu untersuchen. Durch die unterschiedlichen Ansätze ergeben sich Vor- und Nachteile, welche in diesem Abschnitt diskutiert werden.

Die Berechnung der Bewegungsgleichungen hat den Vorteil, dass die beiden Prozesse

---

[1]MATHWORSK INC., MatLab 2011b, www.mathworks.com

miteinander gekoppelt betrachtet werden können. Die Notwendigkeit der Simulation separater Partikel erweist sich bei einer hohen Partikelanzahl als Nachteil. Um realitätsnahe Ergebnisse zu erhalten, sollten dabei mindestens 1000 Partikel simuliert werden[11, S. 89]. Um die Effekte der Néelrotation korrekt zu simulieren, muss der diskrete Zeitschritt der Simulation im Bereich $\Delta t \approx 1 \cdot 10^{-11}$ s liegen[34, S. 7, 18]. Wählt man den Zeitschritt zu lang, so scheint es als bilde die Néelsche Rotation lediglich zwei stabile Zustände. Aus dem kurzen Zeitschritt und der hohen Anzahl der Partikel, folgen eine lange Rechenzeit und ein enormer Speicherbedarf.

Bei der Simulation mittels Fokker-Planck-Gleichung werden die Wahrscheinlichkeitsdichtefunktionen der einzelnen Rotationsmechanismen berechnet. Mit der Wahrscheinlichkeitsdichtefunktion kann man Aussagen unabhängig von der absoluten Anzahl der betrachteten Teilchen treffen. Problematisch ist, dass die getrennte Berechnung die Rotationsmechanismen nicht mehr als gekoppelt betrachtet werden kann. Shliomis und Stepanov haben gezeigt, dass die Mechanismen gekoppelt sind[27]. Somit liefert die Simulation der Fokker-Planck-Gleichung keine sicheren Vorhersagen für reale Rotationsprozesse und ist nicht für die hier betrachteten Vorgänge geeignet.

Um sinnvolle Ergebnisse zu erhalten, werden die im nachfolgenden Abschnitt betrachteten Ergebnisse durch direkte Berechnung der Bewegungsgleichungen simuliert. Es gilt zu beachten, dass diese Simulation nicht alle realen Vorgänge betrachtet. So sind in einem realen Ferrofluid Partikel verschiedenster Größe und zufälliger Ausrichtung zu finden oder es kommt zu Teilcheninteraktionen, zum Beispiel Agglomeration. Demzufolge können die Messergebnisse von den Ergebnissen der Simulation abweichen.

3.4 Vorstellung und Diskussion der Simulationsergebnisse

Die Simulation der Bewegungsgleichungen wurden mit dem Programm „MatLab" der Firma MathWorks durchgeführt. Das Skript zur Simulation der Partikeldynamik wurde von Matthias Gräser zur Nutzung bereitgestellt. Folgende Simulationsparameter wurden gewählt: Der Partikelkern hat einen Durchmesser von $d_C = 30\,\mathrm{nm}$ und einen hydrodynamischen Durchmesser von $d_\mathrm{H} = 52{,}7\,\mathrm{nm}$. Aufgrund der enormen Rechenzeit wurde der hydrodynamische Durchmesser derart gewählt, dass die Brownsche Relaxationszeit bei $\tau_\mathrm{B} = 0{,}05\,\mathrm{ms}$ liegt. Die Relaxationszeit τ_B entspricht der Periodenlänge der Frequenz $f = 20\,\mathrm{kHz}$. Demzufolge sollte oberhalb von $20\,\mathrm{kHz}$ keine Brownsche Rotation möglich sein. Zur Berechnung von τ_B wurden folgende Gleichungen verwendet:

$$\tau_\mathrm{B} = \frac{3\eta V_\mathrm{H}}{k_\mathrm{B}T} \tag{3.48}$$

, mit

$$V_\mathrm{H} = \frac{1}{6}\pi d_\mathrm{H}^3 \tag{3.49}$$

Die Viskosität $\eta = 0{,}89\,\mathrm{mPa\,s}$ entspricht der Viskosität von Wasser bei $T = 25\,^\circ\mathrm{C} = 298{,}15\,\mathrm{K}$. Demzufolge wird die Temperatur als $T = 298{,}15\,\mathrm{K}$ gesetzt.

Man beachte, dass es sich bei dem errechneten τ_B um die Relaxationszeit bei Abwesenheit eines magnetischen Feldes handelt. Geissler et al. haben gezeigt, dass sich die Relaxationszeiten der Brownschen Rotation bei Erhöhung der magnetischen Feldstärke verkürzt[33]. Folglich wird der Übergang von Brownscher zu Néelscher Rotation bei einer niedrigeren Frequenz als $20\,\mathrm{kHz}$ erwartet. Da die Simulationen sehr viel Zeit in Anspruch nehmen, konnten nur einige ausgewählte Frequenzen simuliert werden. Die simulierten Frequenzen sind $10\,\mathrm{kHz}$, $15\,\mathrm{kHz}$, $20\,\mathrm{kHz}$, $25\,\mathrm{kHz}$, $50\,\mathrm{kHz}$ und $100\,\mathrm{kHz}$. Die Zeitkonstante wurde mit $\Delta t = 1 \cdot 10^{-11}\,\mathrm{s}$ gewählt. Die Ergebnisse der Simulation sind in Abbildung 3.1 dargestellt.

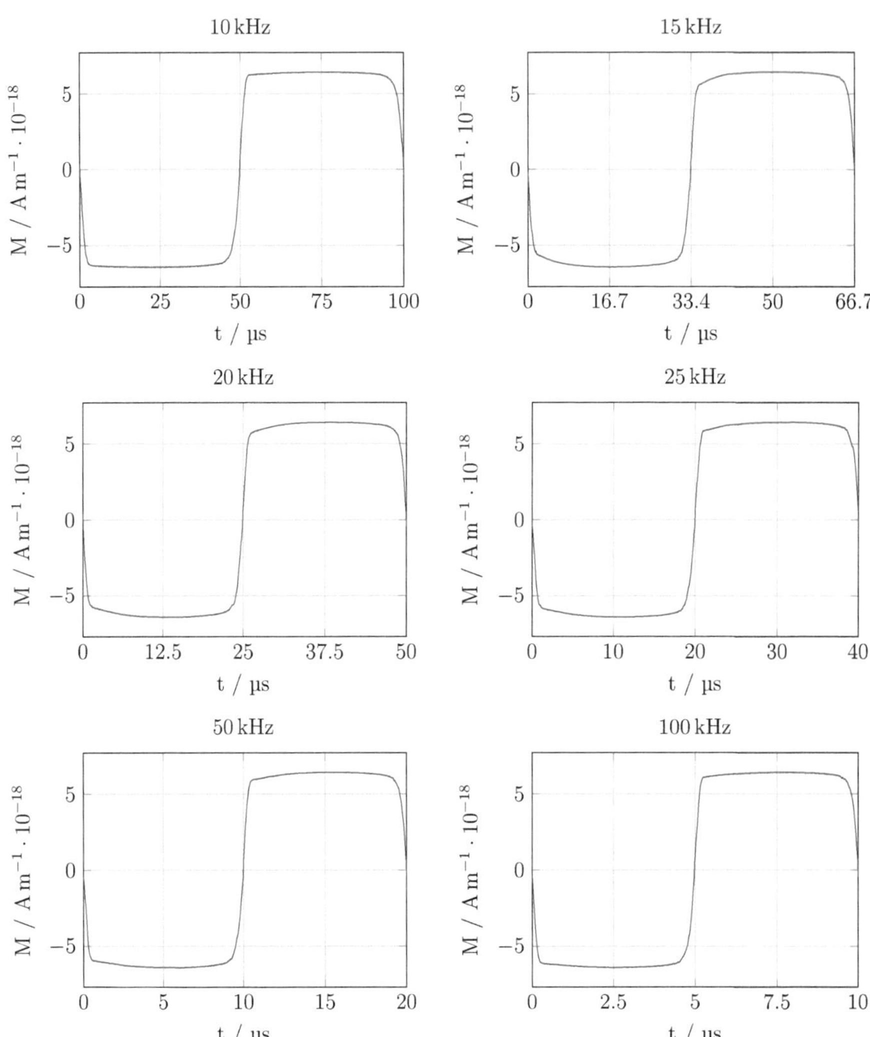

Abbildung 3.1: Simulation im Zeitbereich: Einzelne Perioden der simulierten Anregungsfrequenzen im Zeitbereich werden dargestellt. Es wurde über die magnetischen Momente von 1000 Partikeln gemittelt. Bei 15 kHz ist der Übergang zur Sättigungsmagnetisierung weniger ‚scharf‘, als beispielsweise bei 100 kHz

Bei genauer Betrachtung der Darstellungen ist erkennbar, dass die Amplituden bei einigen Anregungsfrequenzen ‚spontaner' erreicht werden, was sich in scharfen Ecken äußert. Eine Diskussion des Verhaltens im Zeitbereich ist schwierig, aus diesem Grund wird das Signal in den Frequenzbereich transformiert. Zusätzlich wird ein Maß für die Verzerrung des Signals, die totale Harmonische Verzerrung (THD - engl.: total harmonic distortion) genutzt, um die Ergebnisse zu studieren. Die THD wird berechnet nach[35]:

$$THD = \frac{\sqrt{U_2^2 + U_3^2 + U_4^2 + \ldots + U_n^2}}{U_1}. \tag{3.50}$$

Die Werte U_k stellen dabei die Effektivwerte der Amplituden der k-ten Harmonischen dar. Aus der Magnetpartikelspektroskopie ist zudem das Verhältnis von fünfter zu dritter Harmonik als Maß für die Steigung der Magnetisierung bekannt[36][11, S. 90]. Es wird nachfolgend nur als „Harmonisches Verhältnis" bezeichnet. Das Harmonische Verhältnis ist in Abbildung 3.3 zu sehen.

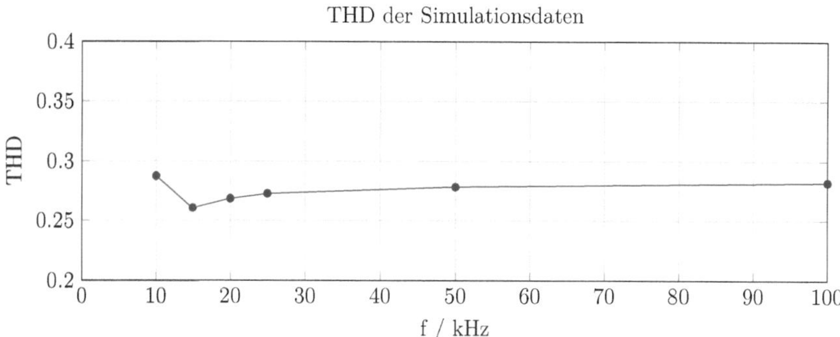

Abbildung 3.2: THD der Simulationen: Die totale harmonische Verzerrung der simulierten Frequenzen, bei einer Frequenz von $f = 15\,\text{kHz}$ ist ein kurzer Einbruch der THD zu erkennen.

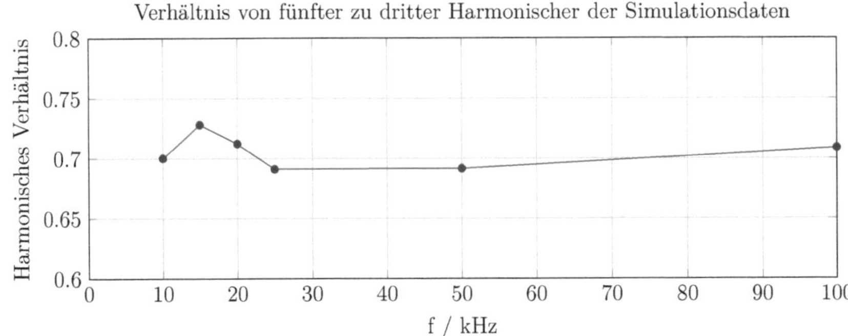

Abbildung 3.3: Harmonisches Verhältnis der Simulationen: Das Harmonische Verhältnis der simulierten Frequenzen zeigt einen kurzen Anstieg bei einer Frequenz von $f = 15\,\mathrm{kHz}$.

Die THD und das Harmonische Verhältnis sind fast überall konstant. Lediglich im Bereich um die 15 kHz zeigt sich ein kurzer Anstieg des Harmonischen Verhältnis und ein Abfall der THD. Hierbei könnte es sich um einen möglichen Indikator für den Übergang von Brownscher zu Néelscher Rotation handeln, denn eine Übergangsfrequenz unter 20 kHz entspricht den Erwartungen. Zu einer vollständigeren Analyse ist es notwendig mehr Frequenzen, vor allem im unteren Frequenzbereich $f < 20\,\mathrm{kHz}$ zu simulieren. Für eine solche Analyse sind mehr Zeit und Rechenkapazitäten nötig, als für die Arbeit zur Verfügung standen.

Kapitel 4

Aufbau des Systems

In diesem Kapitel wird einführend der allgemeine Aufbau eines Magnet-Partikel-Spektrometers beschrieben. Eine grundlegende Quelle für einen möglichen Bau eines Magnet-Partikel-Spektrometer stellt die Dissertation: „Magnet-Partikel-Spektrometer: Entwicklung eines Spektrometers zur Analyse superparamagnetischer Eisenoxid-Nanopartikel für Magnetic-Particle-Imaging" von Sven Biederer dar[37].

Im Anschluss werden die Komponenten und die Funktion des verwendeten Spektrometers beschrieben. Darunter fallen die Erzeugung des magnetischen Feldes, die Energieversorgung, die Auskopplung des Anregungssignals auf der Empfangsseite, die Regelung der Anregungsspannung und die Messung der Daten.

4.1 Allgemeiner Aufbau eines Spektrometers

Die Signalquelle eines Magnetpartikel-Spektrometers besteht meist aus einem PC mit einer I/O-Karte (I/O - engl.: Input/Output), welche das Anregungssignal generiert. Als Anregungssignal wird in der Regel ein sinusförmiges Signal im unteren Kilohertzbereich genutzt.

Das Anregungssignal wird durch einen Leistungsverstärker (AC Amp) verstärkt und anschliessend durch einen Band-Pass-Filter (BPF) von allen störenden Frequenzanteilen befreit. Die verstärkte Anregungsspannung erzeugt einen Strom in einer elektromagnetischen Spule, welche als magnetischer Feldgenerator agiert und als Sendespule (Tx) bezeichnet wird. Der Blindwiderstand der Spule ist von ihrer Induktivität L abhängig und steigt linear mit der Frequenz an

$$X_L = j\omega L$$

Zur Kompensation des Blindwiderstandes wird eine Kapazität C mit negativer, aber betragsgleicher Reaktanz verwendet

$$X_C = -j\omega L = -j\frac{1}{\omega C}. \tag{4.1}$$

Durch die Kompensation ist eine Anregung mit einer deutlich geringeren Blindleistung möglich. Das von der Sendespule erzeugte magnetische Feld richtet die magnetischen Momente der Teilchen entsprechend der in Kapitel 2 und Kapitel 3 besprochenen Rotationsmechanismen im Messvolumen aus. Es kommt zur Änderung der Magnetisierung der Probe im Messvolumen und zur Induktion einer Spannung in der Empfangsspule (Rx).

Neben der Änderung der magnetischen Momente induziert auch das magnetische Anregungsfeld ein Signal in die Empfangsspule. Das vom Anregungsfeld erzeugte Signal ist um den Faktor von 10^6 größer, als das von den Teilchen erzeugte Magnetisierungssignal. Bei einer direkten Messung des Signals durch eine I/O-Karte kann das Magnetisierungssignal nicht aufgelöst werden. Die Ursache dafür ist der dynamische Bereich der I/O-Karte, der im Bereich 90 dB liegt[38]. Bei einem dynamischen Bereich von 90 dB dürfte das durch das Anregungsfeld inuzierte Signal nur um den Faktor $3 \cdot 10^4$ größer sein als das Magnetisierungssignal. Mittels eines Band-Stop-Filters (BSF) wird das Anregungssignal aus dem Messignal entfernt. Das verbleibende Signal wird durch einen rauscharmen Verstärker (LNA) verstärkt und mit der I/O-Karte des Computers aufgezeichnet. Bei der in Abbildung 4.1 gezeigten Variante wird zusätzlich die Spannung der Sendespule gemessen und nachgeregelt, um unbekannten Amplituden- und Phasenänderungen entgegenzuwirken .

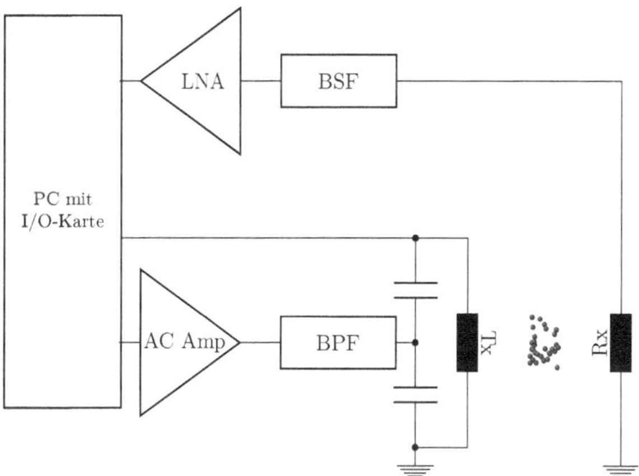

Abbildung 4.1: Allgemeiner Aufbau eines Magnet-Partikel-Spektrometers: Ein schematischer Aufbau eines Magnet-Partikel-Spektrometers nach [37], bestehend aus einem Leistungsverstärker (AC Amp), Bandpassfilter (BPF), der Sendespule (Tx), der Empfangsspule (Rx), einem Bandstopfilter (BSF) und einem rauscharmen Verstärker (LNA). Zwischen Sende- und Empfangsspule sind Nanopartikel dargestellt.

4.2 Minimierung des Anregungssignals durch Auslöschung

Das Messsignal bei der Magnet-Partikel-Spektroskopie entsteht durch Induktion einer Spannung in die Messspulen. Der Großteil des induzierten Signals wird vom Anregungsfeld erzeugt. Der Anteil der induzierten Spannung, welcher durch die Partikelmagnetisierung verursacht wird, ist um den Faktor 10^6 kleiner, als der Teil welcher durch das Anregungsfeld induziert wird. Durch den begrenzten dynamischen Bereich der I/O-Karten kann keine direkte Aufnahme des Signals erfolgen, da der Partikelanteil des Signals nicht aufgelöst werden kann. Das Partikelsignal ist in diesem Fall nicht mehr vom Rauschen der Karte zu unterscheiden. Durch Reduzierung des vom Anregungsfeld erzeugten Signalanteils kann man diesem Problem entgegenwirken.

Um die Signalanteile des Anregungssignals zu reduzieren, nutzt man einen Band-Stop-Filter in der Empfangskette des Systems. Dadurch wird das Anregungssignal abgeschwächt und durch nachfolgende Verstärkung kann das Gesamtsignal digitalisiert werden. Die Resonanz eines analogen Filters ist frequenzspezifisch, daher muss für die Filterung jeder Anregungsfrequenzen ein separater Filter eingesetzt werden. Bei einem Frequenzbereich von 100 Hz − 24 kHz ist die Realisierung einer solchen Filterung mit einem enormen Zeit- und Kostenaufwand verbunden.

Durch Graeser et al. wurde eine Methode beschrieben, bei der das Anregungssignal durch Auslöschung minimiert wird[39]. Dazu wird die Probenkammer zweimal in identischer Form gefertigt und die Empfangsspulen werden gegenphasig miteinander verbunden. Während des Messvorgangs beinhaltet eine der Probenkammer eine Teilchenprobe, die andere bleibt leer. Da die Probenkammern identisch sind, wirkt sich in beiden Kammern die Induktion des Anregungsfeldes gleich aus und durch die gegenphasige Verbindung der Empfangsspulen wird das Anregungssignal ausgelöscht. Da nur in einer der Probenkammern Teilchen enthalten sind, bleibt das durch die Magnetisierungsänderung verursachte Signal unverändert. Durch Ungenauigkeiten in der Herstellung der Empfangsspulen weisen sie eine unterschiedliche Güte auf. Die daraus resultierende Phasendifferenz des Messsignals limitiert die Dämpfung des Anregungssignals[39]. In einem Messaufbau mit zwei identischen Probenkammern ist die Güte der Empfangsspulen nahezu identisch, sodass eine hohe Dämpfung des Anregungssignals erreicht werden kann. In Abbildung 4.2 ist der Aufbau schematisch dargestellt.

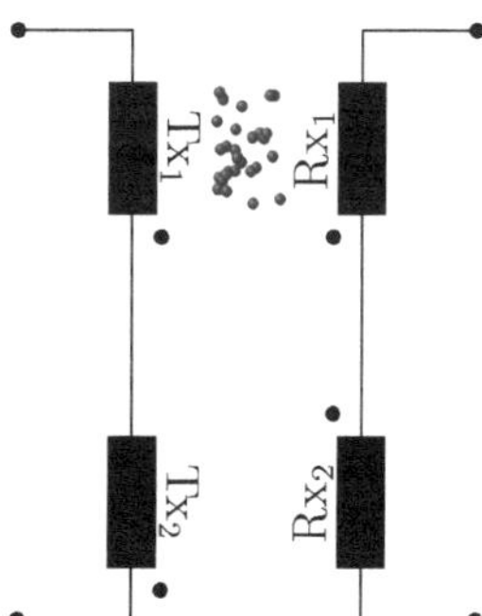

Abbildung 4.2: Aufbau der Anregungssignalauslöschung: Zwei identische Messkammern, eine mit und eine ohne Partikel. Durch die gleichphasig verbundenen Sendespulen (Tx) und die gegenphasig verbundenen Empfangsspulen (Rx) wird das Anregungssignal ausgelöscht.

4.3 Sende- und Empfangsspulen

Als Sendespulen konnten Solenoidspulen aus einem älteren Aufbau genutzt werden. Um eine Feldsimulation der magnetischen Spulen durchzuführen wurden zunächst die unbekannten Parameter der Spulen ermittelt. Aus der Feldsimulation konnte der Strom ermittelt werden, der für ein Feld mit einer magnetischen Flussdichte von $10\,\mathrm{mT}$ benötigt wird. Bei den Empfangsspulen handelt es sich um Solenoidspulen aus dünnem Litzendraht.

4.3.1 Parameter der Sendespulen

Um die Felder der verwendeten Spulen exakt zu simulieren, müssen die Parameter der Spulen bestimmt werden. Dazu gehört die Geometrie der Spulen sowie die elektrischen Eigenschaften wie Induktivität und der Reihenwiderstand der Spule. Die Spulen sind in ihrer Geometrie identisch. Die gemessenen Werte sind in Abbildung 4.3 dargestellt.

Aufsicht   Seitenansicht

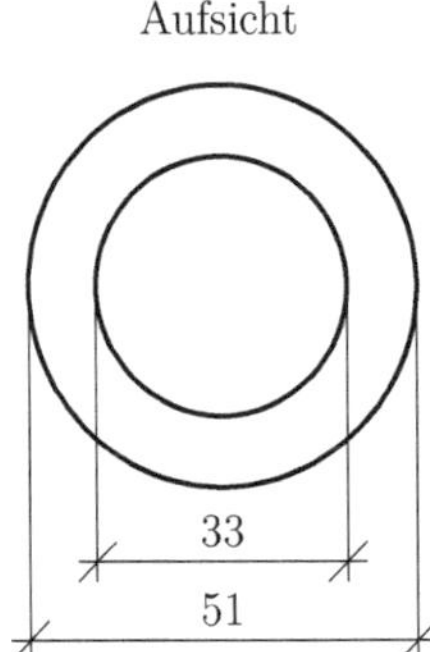
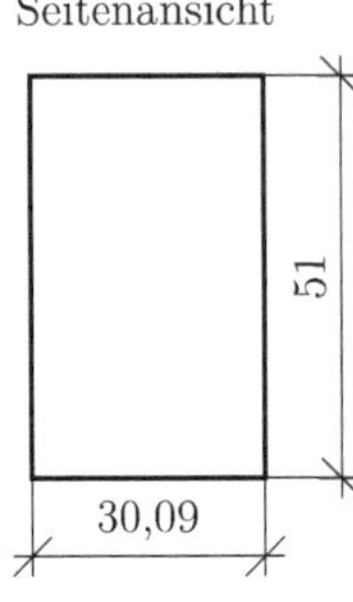

Abbildung 4.3: Geometrie der Sendespulen: Die Längenangaben sind in Millimetern gegeben.

Mittels eines Präzisions-LRC-Meters[1] der Firma Agilent, wurden die elektrischen Parameter der Spulen ermittelt. Die mit dem Gerät ermittelten Daten sowie die Anzahl der Windungen und die Anzahl der Lagen der Spule können Tabelle 4.1 entnommen werden.

Tabelle 4.1: Parameter der Sendespulen

Parameter	Spule A3	Spule A4
Induktivität	37,5 µH	37,5 µH
Reihenwiderstand	34,5 mΩ	28,7 mΩ
Lagen	3	3
Windungen	12	12

Zur Vermeidung des Skineffektes, der eine Reduzierung des effektiven Leiterquerschnitts verursacht, sind die Sendespulen aus Litzendraht hergestellt. Die Litze besteht aus 2000 Fasern mit je einem Nenndurchmesser von 50 µm. Ein Kupferdraht mit diesem Durchmesser hat einen spezifischen Widerstand von $8{,}706\,\Omega\,\mathrm{m}^{-1}$[40].

---

[1] E4980A Precision LCR-Meter

Da die Fasern parallel zueinander verbunden sind, ergibt sich für die verwendete Litze und unter Ausschluss von Wirbelstromverlusten ein Widerstand von:

$$\frac{8{,}706\,\Omega\,\mathrm{m}^{-1}}{2000} = 4{,}353\,\mathrm{m}\Omega\,\mathrm{m}^{-1}. \tag{4.2}$$

4.3.2 Ermittlung des notwendigen Sendespulenstroms

Zur Ermittlung des Sendespulenstromes wurden die Felder der Sendespulen unter Verwendung der im vorigen Abschnitt ermittelten Daten simuliert. Dazu wurde das Programm „ScannerConf" verwendet, welches die magnetischen Felder unter Nutzung des Biot-Savart-Gesetzes berechnet. Die Amplitude des Feldes soll im Zentrum einen Spitzenwert von $\approx 10\,\mathrm{mT}$ erreichen. Wie man in Abbildung 4.4 sieht, wird die erforderliche magnetische Flussdichte erreicht, wenn die Amplitude des Stromes $\hat{\imath} \approx 13\,\mathrm{A}$ beträgt.

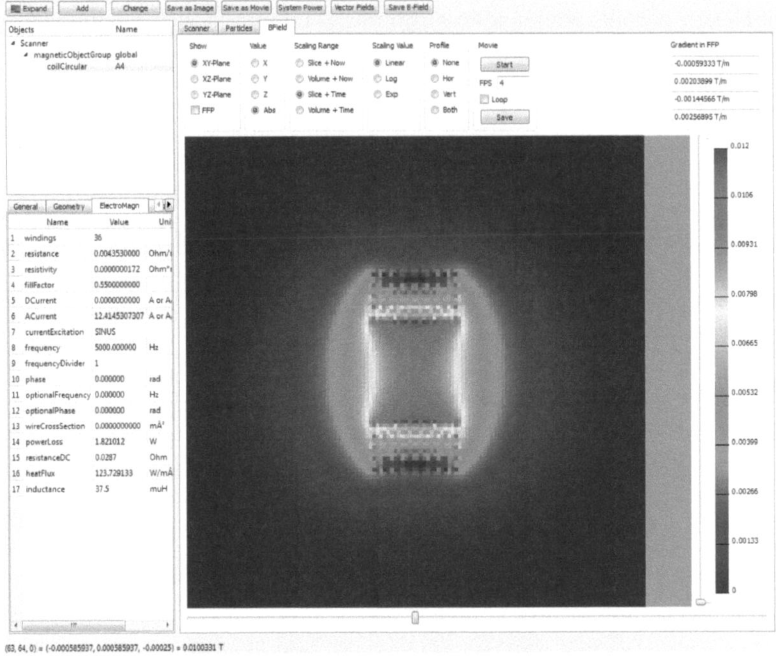

Abbildung 4.4: Feldsimulation der Sendespulen: Bei einem Strom mit der Amplitude $\hat{\imath} \approx 13\,\mathrm{A}$ (links) beträgt die Amplitude des Feldes 10,03 mT (unten).

4.3.3 Empfangsspulen

Bei den Empfangsspulen handelt es sich um einlagige Solenoidspulen. Zur Herstellung wurde möglichst dünne Litze verwendet, um mehr Windungen auf den Wickelkörper bringen zu können. Aus dem allgemeinen Induktionsgesetz geht hervor, dass die Anzahl der Windungen ausschlagebend für die Stärke der induzierten Spannung ist[41, S. 177]:

$$u_{\mathrm{q}} = N \cdot \frac{\mathrm{d}\Phi}{\mathrm{d}t}. \tag{4.3}$$

Hierbei sind u_q die induzierte Spannung, N die Anzahl der Windungen einer Leiterschleife und Φ der magnetische Fluss durch die Leiterschleife. Eine auf die Probenhalterung gewickelte Empfangsspule, ist in Abbildung 4.5 zu sehen.

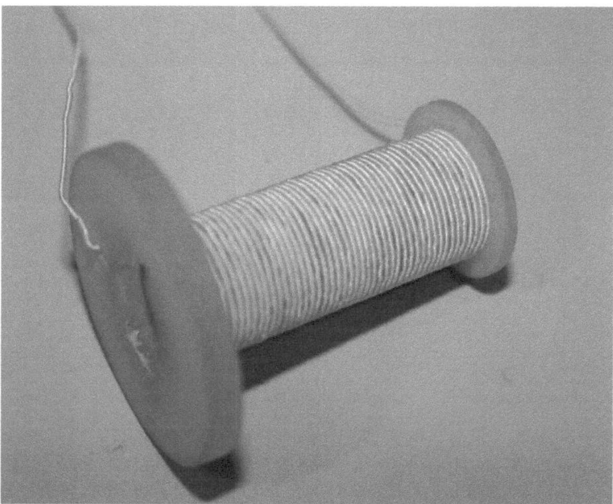

Abbildung 4.5: Empfangsspule: Die Spule wird direkt aus dünnem Litzendraht hergestellt. Der Litzendraht ist direkt auf die Probenkammer gewickelt.

4.4 Mechanischer Aufbau

Die beiden Sendespulen und die passenden Spulenhalterungen stehen aus einem vorangegangenen Versuch zur Verfügung. Die Halterungen für die Sendespulen bestehen dabei aus je einem Hohlzylinder aus Polyoxymethylen (POM), welcher über ein Aussengewinde verfügt. Auf dem Außengewinde kann ein Gewindering mit entsprechendem Innengewinde aufgeschraubt werden. Die Sendespulen werden auf dem Gewindering gelagert. Über den Gewindering kann die Höhe der Sendespulen justiert werden.

Die Halterungen für die Empfangsspulen wurden zunächst Mittels der 3D-Modellierungssoftware „SolidWorks"[2] modelliert und anschliessend mittels 3D-Drucker[3] aus einem Photopolymer gedruckt.

[2]DASSAULT SYSTEMS, SolidWorks 2012 Education Edition, www.solidworks.de
[3]3DSYSTEMS, ProJet 3510 HD, www.3dsystems.com

Die Messspulenhalterung wird in den Hohlraum der Sendespulenhalterung eingebracht, wobei das obere Ende der Messspulenhalterung auf der Sendespulenhalterung aufliegt. Empfangsspule und Partikelprobe sind konzentrisch in der Sendespule gelagert. In Abbildung 4.6, ist das SolidWorks-Modell der Empfangsspulenhalterung zu sehen.

Abbildung 4.6: SolidWorks-Modell der Empfangsspulenhalterung: Links sind die Kabeldurchführungen in Boden (a) und Decke (b) zu erkennen. Rechts ist die Öffnung der Probenkammer (c) zu sehen.

4.5 Mechanismus zur Anpassung der Kopplung

Um eine gute Auslöschung des Anregungssignals nach dem in Abschnitt 4.2 besprochenen Prinzip zu ermöglichen, muss neben einem möglichst identischen Aufbau der Empfangsspulen die Kopplung von Sende- und Empfangsspulen in der Proben- und der Referenzkammer gleich sein. Nur wenn das Anregungssignal in beide Empfangsspulen gleich einkoppelt, kann es zu einer effizienten Auslöschung kommen. Die Kopplung zweier Spulen wird charakterisiert durch:

$$k = \frac{\Phi_1}{\Phi_2}. \tag{4.4}$$

Hierbei ist Φ_1 der magnetische Fluss durch die Sendespule und Φ_2 der magnetische Fluss durch die Empfangsspule.

Um die Kopplung der Probenkammer anzugleichen, kann man die Position der Sendespulen relativ zu den Empfangsspulen verstellen. Die Einstellung erfolgt über den Gewindering der Sendespulenhalterung. Da während des Betriebes gefährliche Spannungen und Ströme durch die Spule fließen, darf die Spule während des Betriebs nicht berührt werden. Um eine Justierung während des Betriebs zu ermöglichen, sind in den Gewindering zwei Nuten eingelassen und über O-Ringe mit einem entfernten Stellrad verbunden. Die Kopplung kann mit einem Oszilloskop kontrolliert werden und die bestmögliche Auslöschung eingestellt werden. Abbildung 4.7 zeigt den Justiermechanismus.

Abbildung 4.7: Mechanismus zur Anpassung der Kopplung: Über das Stellrad (rechts) kann der Gewindering (links) verstellt und die Höhe der Sendespule geändert werden. Durch die Höhenänderung wird die Kopplung der Spulen beeinflusst.

4.6 Leistungsanpassung

Um den berechneten Strom von $\hat{\imath} = 13\,\mathrm{A}$ in der Spule zu erzeugen, muss eine entsprechend hohe Spannung an das System angelegt werden. Die erforderliche Spannung ergibt sich durch[42, S. 232]:

$$|Z| = \frac{U_{\mathrm{eff}}}{I_{\mathrm{eff}}} = \frac{\hat{u}}{\hat{\imath}} \Rightarrow \hat{u} = |Z| \cdot \hat{\imath}. \tag{4.5}$$

Dabei seien $|Z|$ der Scheinwiderstand des betrachteten Systems, I_{eff} der Effektivwert des Stromes der das System durchfließt und U_{eff} der Effektivwert der Spannung die über dem System anliegt. Dabei gilt für sinusförmige Spannungssignale[42, S. 208]:

$$U_{\mathrm{eff}} = \frac{1}{\sqrt{2}}\hat{u} \tag{4.6}$$

$$I_{\mathrm{eff}} = \frac{1}{\sqrt{2}}\hat{\imath} \tag{4.7}$$

Mit der ermittelten Spannung kann die notwendige Scheinleistung ermittelt werden[42, S. 259]:

$$S = U_{\mathrm{eff}} \cdot I_{\mathrm{eff}} = \frac{1}{2}\hat{u} \cdot \hat{\imath} \tag{4.8}$$

Durch einsetzen von Gleichung 4.5 in 4.8 erhält man

$$S = \frac{1}{2}|Z| \cdot \hat{\imath}^2. \tag{4.9}$$

Augenscheinlich ist die Scheinleistung abhängig von der Amplitude des Stroms und dem Scheinwiderstand des Systems. Das System besteht bisher nur aus zwei in Serie geschalteten Spulen, die Impedanz des Systems kann also einfach über die Summe der Einzelimpedanzen ermittelt werden. Die Impedanz einer Spule ist gegeben durch:

$$Z_{\mathrm{S}} = R_{\mathrm{S}} + j\omega L, \quad \omega = 2\pi f. \tag{4.10}$$

Dabei sind R_S der Reihenwiderstand der Spule, f die Frequenz des anliegenden Signals , j die imaginäre Einheit und L die Induktivität der Spule. Für das System folgt unmittelbar:

$$\begin{aligned}
Z_\mathrm{ges} &= Z_\mathrm{S1} + Z_\mathrm{S2} \\
&= (34{,}5\,\mathrm{m\Omega} + j2\pi f \cdot 37{,}5\,\mathrm{\mu H}) + (28{,}7\,\mathrm{m\Omega} + j2\pi f \cdot 37{,}5\,\mathrm{\mu H}) \\
&= 63{,}2\,\mathrm{m\Omega} + j2\pi f \cdot 75\,\mathrm{\mu H}.
\end{aligned} \tag{4.11}$$

Aus der Impedanz kann die Scheinleistung nach Gleichung 4.9 ermittelt werden. Abbildung 4.8 zeigt zunächst die Scheinleistung S ohne Kompensation.

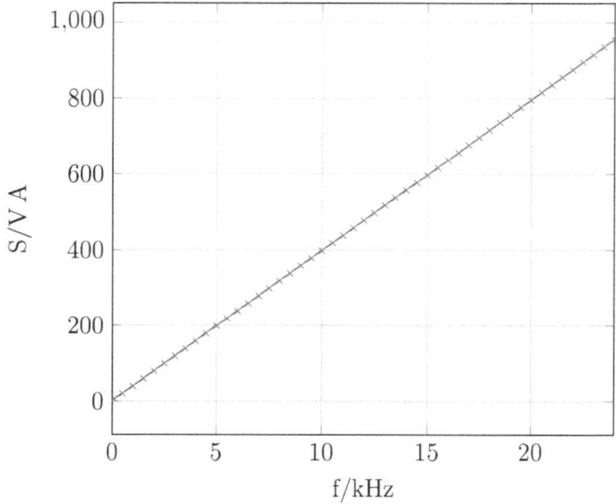

Abbildung 4.8: Leistung ohne Leistungsanpassung: Ohne Leistungsanpassung wird eine Scheinleistung S von fast $1000\,\mathrm{V\,A}$ bei einer Anregungsfrequenz von $24\,\mathrm{kHz}$ benötigt.

Man sieht deutlich, dass schnell eine Scheinleistung von $1000\,\mathrm{V\,A}$ erreicht wird. Das bedeutet die Signalquelle muss mindestens $1000\,\mathrm{W}$ bereitstellen, um die erforderliche Energie zur Erzeugung des magnetischen Feldes bereitzustellen. Bei reaktiven Lasten, wie einer Spule oder einem Kondensator, wird ein Teil der zugeführten Energie im magnetischen oder elektrischen Feld gespeichert. Beim Abbau der Felder wird die Energie an die Signalquelle zurückgeführt. Es kommt zu einer erhöhten thermischen Belastung der Signalquelle. Durch die erhöhte thermische Belastung kann ein Verstärker oft nur etwa 60 % seiner Wirkleistung als Scheinleistung abgeben. Um die Leistungsabgabe der Spannungsquelle gering zu halten, kann man eine Blindwiderstandskompensation durchführen. Dabei wird ausgenutzt, dass sich die reaktiven Anteile von Spulen und Kondensatoren gegensinnig verhalten. Man betrachtet die Impedanz eines Kondensators

$$Z_C = R_S - j\frac{1}{\omega C}, \quad \omega = 2\pi f. \tag{4.12}$$

und wählt seine Kapazität so, dass sich die imaginären Anteile von Spule und Kondensator aufheben

$$\omega L + \frac{1}{\omega C} = 0 \Rightarrow C = \frac{1}{\omega^2 L} = \frac{1}{4\pi^2 f^2 C} \tag{4.13}$$

Bei der Kompensation wird der Blindwiderstand nur bei einer spezifischen Frequenz eliminiert. Da eine Messung an verschiedenen Frequenzen vorgesehen ist, wäre eine separate Kompensation für alle Messfrequenzen notwendig. Stattdessen wird das komplette Frequenzband in vier Bereiche unterteilt und bei jeweils einer Frequenz jedes Bereiches wird eine Kompensation durchgeführt. Da die Ausgangsimpedanz eines Verstärkers in der Regel induktiv ist, bildet eine kapazitive Last mit dem Verstärker einen Schwingkreis, und es kann zu ungewollten Oszillationen kommen. Zur Vermeidung der Oszillationen wird die Kompensationsfrequenz in den unteren Bereich des jeweiligen Frequenzbandes gelegt, sodass das System im unkompensierten Frequenzband hauptsächlich als induktive Last wirkt. Die vier gewählten Frequenzbänder, ihre Kompensationsfrequenz und die für die Kompensation verwendeten Kondensatoren sind in Tabelle 4.2 aufgelistet.

Tabelle 4.2: Parameter der Messbereiche und Leistungsanpassung.

Frequenzband	Kompensationsfrequenz	Kondensator
100 Hz − 8500 Hz (Messbereich 1)	-	-
8500 Hz − 14 000 Hz (Messbereich 2)	9160 Hz	4 µF
14 000 Hz − 19 000 Hz (Messbereich 3)	14 700 Hz	1,5 µF
19 000 Hz − 24 000 Hz (Messbereich 4)	19 875 Hz	0,83 µF

Der Frequenzbereich von $100\,\text{Hz} - 8500\,\text{Hz}$ bedarf keiner Kompensation, da bei niedrigen Frequenzen die Impedanz der Spulen sehr gering ist und nicht viel Leistung bereitgestellt werden muss, um den entsprechenden Strom in den Spulen zu erzeugen. In Abbildung 4.9 sind die benötigten Leistungen für die kompensierten Frequenzbänder dargestellt.

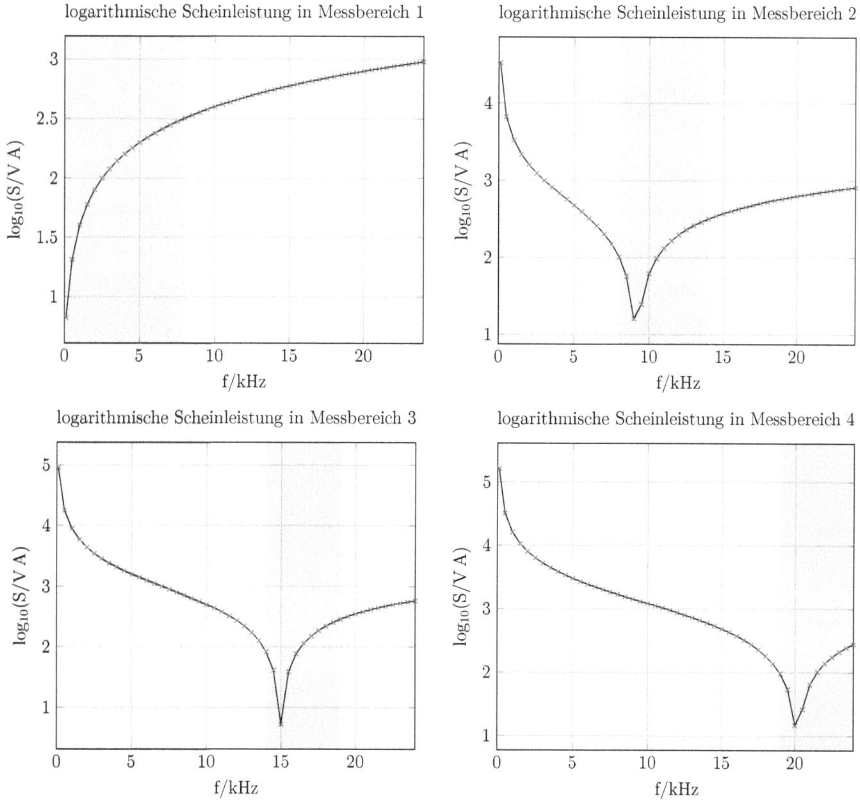

Abbildung 4.9: Scheinleistung der kompensierten Frequenzbänder: In den Grafiken sind die logarithmierten Scheinleistungen der verschiedenen Kompensationen aufgetragen, der Messbereich ist blau unterlegt. Es müssen in den Frequenzbändern maximal $350\,\text{V A}$ aufgebracht werden.

4.7 Verstärker

Zum Betrieb des Systems werden zwei Arten von Verstärkern benötigt. Zum einen ein Leistungsverstärker, welcher als Spannungsquelle dient, zum anderen ein rauscharmer Verstärker, um das Partikelsignal soweit zu verstärken, dass es im dynamischen Bereich der I/O-Karte liegt.

4.7.1 Leistungsverstärker

Als Leistungsverstärker kommt ein „AETechron 7224 Single-Channel Industrial Amplifier" zum Einsatz. Der Verstärker kann im „High-Voltage" Betrieb und bei einer Last von $4\,\Omega$ eine Spannung von $61\,\text{V}$ und $14{,}5\,\text{A}$ über eine Stunde ausgeben[43]. Das entspricht einer Scheinleistung von $S = 442{,}25\,\text{V A}$. Wie in Abbildung 4.9 zu sehen ist, wird die maximale Scheinleistung in keinem der Frequenzbänder überschritten. Der Verstärker ist auf einen maximalen Verstärkungsfaktor von 20 eingestellt, welcher von $0\,\% - 100\,\%$ geregelt werden kann. Die totale harmonische Verzerrung (THD) des Verstärkers ist geringer als $0{,}1\,\%$, sodass das Anregungssignal nur minimal verzerrt wird. Zudem verfügt er über Schutzmechanismen gegen Überspannung, Überhitzung und Überlast.

4.7.2 Low-Noise-Messverstärker

Zur Verstärkung des Messsignals wird ein „SR560 - DC to $1\,\text{MHz}$ voltage preamplifier" der Firma Stanford Research Systems verwendet[44]. Der „SR560" bietet verschiedene Verstärkungsfaktoren von $1 - 50000$ in Schritten von $1 - 2 - 5$ an. Das Verstärkerrauschen beträgt $4\,\text{nV}/\sqrt{\text{Hz}}$ bei $1\,\text{kHz}$. Die Verstärkung ist bis zu $300\,\text{kHz}$ nahezu konstant mit Änderungen von $\pm 0{,}3\,\text{dB}$. Die Eingangsimpedanz des „SR560" beträgt $100\,\text{M}\Omega + 25\,\text{pF}$. Es kann eine Spannung von $V_{\text{pp}} = 10\,\text{V}$ an $50\,\Omega$ oder $600\,\Omega$ ausgegeben werden.

4.8 I/O-Messkarten und Messrechner

Zur Datenerfassung wird eine „X3-A4D4" I/O-Karte der Firma Innovative Integrations verwendet[38]. Die Karte verfügt über vier Kanäle zur Analog-Digital-Wandlung mit einer Bittiefe von 16bit und einer Samplerate von 4 Megasamples pro Sekunde (MSPS). Zudem über vier Kanäle zur Digital-Wandlung mit ebenfalls einer Bittiefe von 16bit und einer Samplerate von 50 MSPS. Der Eingangsspannungsbereich ist einstellbar auf $\pm 10\,\text{V}$, $\pm 5\,\text{V}$, $\pm 2,5\,\text{V}$ oder $\pm 1,25\,\text{V}$. Die Ausgangsspannung dagegen ist fest auf einen Bereich von $\pm 10\,\text{V}$ festgelegt. Die I/O-Karte ist über einen PCI-Express-Steckplatz im Messrechner verbaut.

4.9 Regelstrecke

Während des Messvorganges kann sich der Scheinwiderstand des Systems ändern. Für die Änderungen gibt es mehrere Ursachen. Zum einen muss das System zwischen den Messungen umgebaut werden, zum anderen ändern sich äussere Einflüsse systematich, beispielsweise die Temperatur durch Erwärmung der Spulen. Vor allem an den kompensierten Frequenzen, an denen der Scheinwiderstand des Systems sehr gering ist, kann es bereits bei geringen Änderungen des Scheinwiderstandes zu erheblichen Abweichungen im Spulenstrom kommen.

Um die Änderungen im Spulenstrom zu korrigieren, wird die erwartete Spannung an der Spule gemessen und mit einem errechneten Sollwert verglichen. Die Anregungsspannung kann dann entsprechend angepasst werden. Da die Spannungen an der Spule bis zu $73\,\text{V}$ beträgt und die I/O-Karte eine maximale Spannung von $\pm 10\,\text{V}$ messen kann, muss parallel zu der Spule ein Spannungsteiler installiert werden. Abbildung 4.10 zeigt den entsprechenden Schaltplan. Um den Stromfluss durch den Spannungsteiler gering zu halten, wurden die Widerstände möglichst groß gewählt. Um weitere Verzerrungen durch magnetische Felder zu verhindern, wurden unmagnetische Widerstände verwendet.

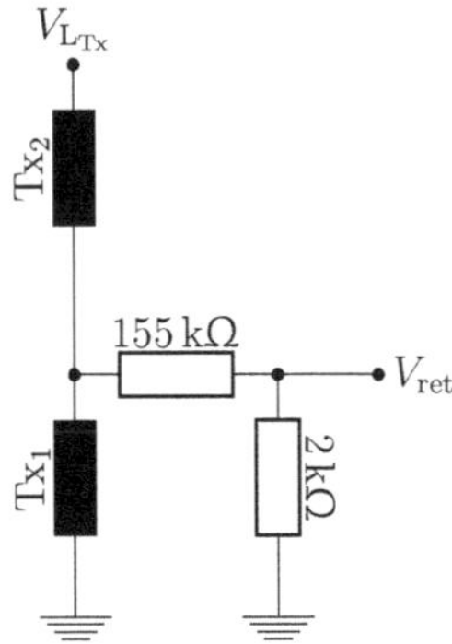

Abbildung 4.10: Schaltplan des Spannungsteilers an der Sendespule: Die Spannung an der Spule wird geteilt, sodass sie im Messbereich der I/O-Karte liegt.

Das Verhältnis der Spannung V_{Tx_1} über der Spule Tx$_1$ zur gemessenen Spannung V_{ret} kann mit Hilfe der Spannungsteilerregel berechnet werden.

$$\frac{V_{\text{Tx}_1}}{V_{\text{ret}}} = \frac{2\,\text{k}\Omega + 155\,\text{k}\Omega}{2\,\text{k}\Omega} = 78.5 \Rightarrow V_{\text{Tx}_1} = 78.5 \cdot V_{\text{ret}}. \tag{4.14}$$

4.10 Gesamtsystem

Als Abschluss des Kapitels wird das Gesamtsystem sowie seine Funktionsweise vorgestellt. Nachfolgende Abbildung 4.11 zeigt den gesamten, schematischen Aufbau:

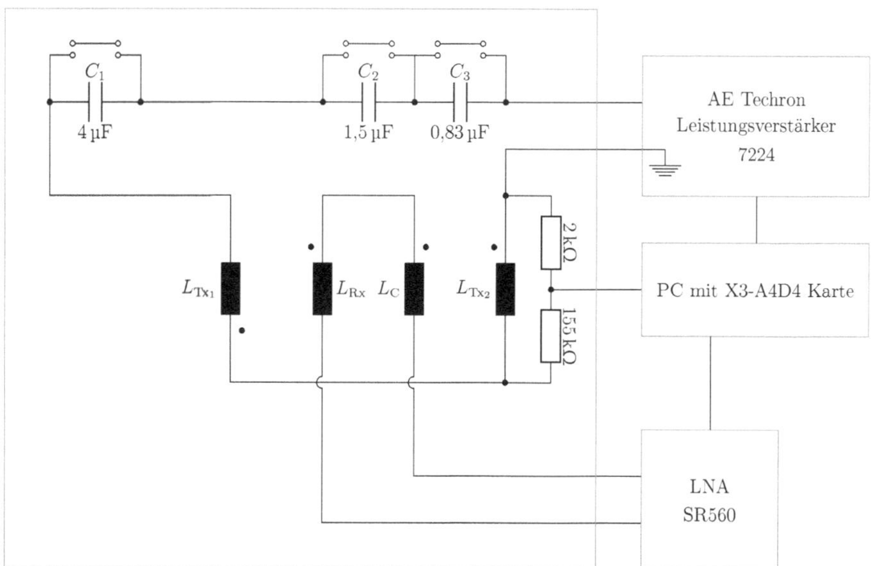

Abbildung 4.11: Übersicht Gesamtaufbau: Das Schema zeigt die besprochenen Teilsysteme und ihre Verbindung untereinander.

Bei einer Messung wird zunächst das Anregungssignal vom PC erzeugt und über die I/O-Karte an den Leistungsverstärker ausgegeben. Der Leistungsverstärker gibt das Anregungssignal mit einer Spannung aus, die in den Spulen einen Strom von $\hat{\imath} = 13\,\mathrm{A}$ erzeugt. Die Kondensatoren kompensieren den Blindwiderstand der Spulen bei einer festen Frequenz und sorgen dafür, dass die vom Verstärker ausgegebene Leistung ausreichend ist, um bei hohen Frequenzen den erforderlichen Spulenstrom bereitzustellen. Die Spannung über einer der beiden Sendespulen wird vom PC kontrolliert und gegebenenfalls die Amplitude des Anregungssignales korrigiert. Ein Spannungsteilers sorgt dafür, dass die Spannung den Messbereich der I/O-Karte nicht übersteigt.

Die Sendespulen ($L_{\mathrm{Tx_1}}$ und $L_{\mathrm{Tx_2}}$) erzeugen bei einem Strom von $\hat{\imath} = 13\,\mathrm{A}$ ein magnetisches Feld von $10\,\mathrm{mT}$ welches auf die Partikel wirkt. Das Anregungssignal sowie die Änderung der Partikelmagnetisierung wird in die Empfangsspulen(L_{Rx}

und L_C) induziert. Da die Empfangsspulen gegenphasig verbunden sind und sich nur in einer der beiden Messkammern Partikel befinden, wird das Anregungssignal ausgelöscht. Nach einer Verstärkung durch einen LNA kann das Signal mittels I/O-Karte aufgenommen und im PC weiter verarbeitet werden. Der Messaufbau ist in Abbildung 4.12 zu sehen.

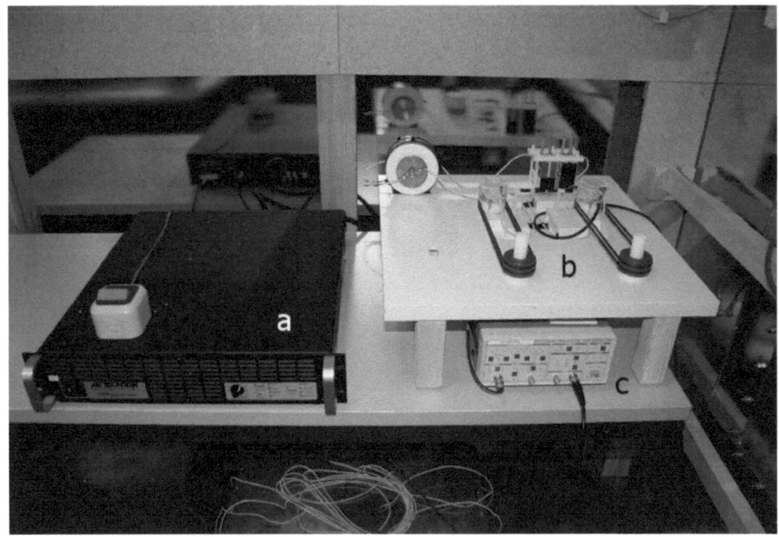

Abbildung 4.12: Aufgebautes Messsystem: Links ist der Leistungsverstärker (a) zu sehen, rechts der Messaufbau (b) mit dem darunter stehendem LNA (c).

Wie man sieht, verfügt der Aufbau über kein separates Gehäuse. Auf eine eigene Schirmung wurde aus Zeit- und Kostengründen ebenfalls verzichtet. Um trotz fehlender Schirmung den Einfluss elektromagnetischer Felder zu minimieren, wurden die Messungen in einer geschirmten Kabine durchgeführt. Außerdem ist der Aufbau nicht gegen Berührung geschützt. Aus diesem Grund ist während des Betriebs ausreichend Abstand zu allen stromführenden Teilen zu halten.

Kapitel 5

Messvorgang und Messergebnisse

5.1 Regelung

In Abschnitt 4.9 wurde der für die Regelung notwendige Spannungsteiler beschrieben. In diesem Abschnitt wird auf den Ablauf der Regelung, sowie den informationstechnischen Hintergrund eingegangen. Zunächst wurden mit Hilfe der Software „MatLab" die Amplituden der Ausgabespannung des Leistungsverstärkers berechnet. Die Ausgabespannung des Leistungsverstärkers muss einen Spulenstrom von $\hat{\imath} = 13\,\mathrm{A}$ erzeugen. Nach Gleichung 4.5 kann die Spannungsamplitude über den Scheinwiderstand des Systems berechnet werden. Da das System lediglich aus Reihenschaltungen besteht, ergibt sich der Scheinwiderstand als Betrag der Summe der Impedanzen des Systems

$$|Z_{\mathrm{ges}}(\omega)| = \left|\sum Z_L(\omega) + \sum Z_C(\omega)\right|. \tag{5.1}$$

Hierbei sind $Z_L(\omega)$ die Impedanzen der Spulen und $Z_C(\omega)$ die Impedanzen der Kondensatoren bei der betrachteten Kreisfrequenz $\omega = 2\pi f$. Die aus Gleichung 4.5 errechneten Spannungen dienen als Ausgangswert der Anregungsspannung $\hat{u}_{\mathrm{A}}$, die durch den Verstärker ausgegeben wird. Durch Änderungen des Systems kann die reale Impedanz des Systems von der berechneten Impedanz abweichen. Die Anregungsspannung erzeugt folglich nicht den gewünschten Strom in den Sendespule, wodurch sich die Amplitude des Anregungsfeldes ändert.

Um Änderungen des Systems kompensieren zu können, wird die Amplitude der Spannung $\hat{u}_{\mathrm{Tx}_1}$ über einer der Spulen gemessen. Die gemessene Spannungsamplitude wird mit einem berechneten Sollwert $\hat{u}_S$ verglichen. Der Sollwert kann unter Verwendung von Gleichung 4.5 aus der bekannten Impedanz der Spule und der Amplitude des Spulenstroms $\hat{\imath} = 13\,\mathrm{A}$ berechnet werden. Es kann erneut ausgenutzt werden, dass es sich bei der Sendekette um eine Reihenschaltung der Komponenten handelt. Die Sendekette stellt einen Spannungsteiler dar und es gilt

$$\frac{\hat{u}_{\mathrm{Tx}_1}}{\hat{u}_A} = \frac{|Z_L(\omega)|}{|Z_{ges}(\omega)|} \Rightarrow \hat{u}_{\mathrm{Tx}_1} = \frac{|Z_L(\omega)|}{|Z_{ges}(\omega)|}\hat{u}_A. \tag{5.2}$$

Für feste Frequenzen, Induktivitäten und Kapazitäten ist der Term $\frac{|Z_L(\omega)|}{|Z_{ges}(\omega)|}$ konstant. Es wird ein Korrekturfaktor

$$k = \frac{\hat{u}_S}{\hat{u}_M} \tag{5.3}$$

eingeführt, welcher mit Gleichung 5.2 multipliziert wird.

$$\hat{u}_S = \hat{u}_M \cdot k = \frac{|Z_L(\omega)|}{|Z_{ges}(\omega)|} \cdot \hat{u}_A \cdot k. \tag{5.4}$$

Gleichung 5.4 zeigt: Die Ausgangsspannung $\hat{u}_A$ muss mit dem Faktor k multipliziert werden, um Änderungen des Systems zu kompensieren. Zur Korrektur der Phase wird der Phasenversatz des Signals φ_{Tx_1} gemessen und die Phase des Ausgangssignals über den Zusammenhang

$$u_A(t) = \hat{u}_A \cdot \sin\left(2\pi f t - \varphi_{\mathrm{Tx}_1}\right) \tag{5.5}$$

korrigiert. Die Phase und Amplitude der gemessenen Spannung $u_{\mathrm{Tx}_1}(t)$ wurde dabei ermittelt, indem zunächst die Fouriertransformierte $\mathcal{F}(u_{\mathrm{Tx}_1}(t))(\omega)$ des Signals berechnet wurde. Anschliessend werden der Amplituden- und Phasegang des Signals über die Gleichungen

$$\phi_{\mathrm{Tx}_1}(\omega) = \arctan\left(\frac{\mathrm{Im}(\mathcal{F}(u_{\mathrm{Tx}_1}(t))(\omega))}{\mathrm{Re}(\mathcal{F}(u_{\mathrm{Tx}_1}(t))(\omega))}\right) \tag{5.6}$$

$$A_{\mathrm{Tx}_1}(\omega) = \sqrt{\mathrm{Re}(\mathcal{F}(u_{\mathrm{Tx}_1}(t))(\omega))^2 + \mathrm{Im}(\mathcal{F}(u_{\mathrm{Tx}_1}(t))(\omega))^2} \tag{5.7}$$

ermittelt. Setzt man für $\omega = 2\pi f$ die Anregungsfrequenz f_0 ein, so ergeben sich die Amplitude und der Phasenversatz zu

$$\varphi_{\mathrm{Tx}_1} = \phi_{\mathrm{Tx}_1}(2\pi f_0) \tag{5.8}$$

$$\hat{u}_{\mathrm{Tx}_1} = A_{\mathrm{Tx}_1}(2\pi f_0). \tag{5.9}$$

Die Software zur Messung und Regelung des Signals wurde von Anselm von Gladiß zur Verfügung gestellt.

5.2 Messablauf

Vor der ersten Messung werden die Kondensatoren kurzgeschlossen, sodass die Messung im ersten Messbereich durchgeführt werden kann. Die Verstärkung des LNA wird auf einen Wert von 100 gestellt und alle Filterfunktionen deaktiviert. Die gewählten Einstellungen sichern gleiche Messbedingungen für alle gemessenen Anregungsfrequenzen. Der Ausgang des Leistungsvertärkers wird auf einen Wert von 60 % gestellt, da die Ausgangsspannung der I/O-Karten bereits mit diesem Verstärkungsfaktor berechnet wurden. Anschließend wird die höchste Frequenz des Frequenzbandes eingeregelt und kontinuierlich ausgegeben. Während das Anregungssignal kontinuierlich ausgegeben wird, kann die Kopplung der Spulen eingestellt werden. Nachdem das System vorbereitet wurde, kann eine Leermessung erfolgen.

Vor jeder Messung wird die Anregungsspannung eingeregelt, um den Einfluss von Systemänderungen gering zu halten. Zu Beginn der Messung werden 1000 Perioden des Anregungssignals ausgegeben und die Messungen verworfen, um Einschwingvorgänge der Verstärker vernachlässigen zu können. Nachfolgend werden 500 mal 20 Perioden der Anregungsfrequenz ausgegeben. Das Signal wird gemessen und gemittelt. Mit der Mittelung wird der Einfluss von Rauschen und zufälligen Störquellen eliminiert. Nach der Leermessung erfolgt die Partikelmessung, die analog zur Leermessung durchgeführt wird. Das Schema wird für die nachfolgenden Messbereiche wiederholt. Die verschiedenen Frequenzbereiche werden mit verschiedenen Anregungsfrequenzen vermessen, welche in folgender Tabelle aufgelistet sind.

Tabelle 5.1: Übersicht der Anregungsfrequenzen für die einzelnen Messbereiche.

Messbereich 1	Messbereich 2	Messbereich 3	Messbereich 4
0,1 kHz	8,5 kHz	14,0 kHz	19,0 kHz
0,5 kHz	9,0 kHz	14,5 kHz	19,5 kHz
1,0 kHz	9,5 kHz	15,0 kHz	20,0 kHz
1,5 kHz	10,0 kHz	15,5 kHz	20,5 kHz
2,0 kHz	10,5 kHz	16,0 kHz	21,0 kHz
2,5 kHz	11,0 kHz	16,5 kHz	21,5 kHz
3,0 kHz	11,5 kHz	17,0 kHz	22,0 kHz
3,5 kHz	12,0 kHz	17,5 kHz	22,5 kHz
4,0 kHz	12,5 kHz	18,0 kHz	23,0 kHz
4,5 kHz	13,0 kHz	18,5 kHz	23,5 kHz
5,0 kHz	13,5 kHz	19,0 kHz	24,0 kHz
5,5 kHz	14,0 kHz		
6,0 kHz			
6,5 kHz			
7,0 kHz			
7,5 kHz			
8,0 kHz			
8,5 kHz			

5.3 Diskussion der Messergebnisse

In diesem Abschnitt werden die Messergebnisse im Zeit- und Frequenzbereich diskutiert. Ziel ist es, einen Indikator für den Übergang von Néel'scher zu Brown'scher Rotation zu finden. Wie in der Simulation werden die THD und das Harmonische Verhältnis betrachtet. Das Ergebniss wird diskutiert und mit Ergebnissen aus der Literatur und den Simulationen verglichen.

5.3.1 Diskussion der Messergebnisse im Zeitbereich

In Abbildung 5.1 sind die Zeitsignale der Leermessung und des Partikelsignals bei ausgewählten Anregungsfrequenzen zu sehen. Bei den Anregungsfrequenzen handelt es sich um $24\,\text{kHz}, 15\,\text{kHz}, 8{,}5\,\text{kHz}$ und $1\,\text{kHz}$. Man erkennt, dass die Amplitude der induzierten Spannung proportional mit der Frequenz steigt. Aus 2.4 und 2.6 ist der Zusammenhang von induzierter Spannung und magnetischer Flussdichte bekannt. Für eine Komponente der magnetischen Flussdichte $B(t)$, welche einen sinusförmigen Verlauf hat, ergibt sich:

$$B(t) = B_0 \cdot sin(2\pi f t) \Rightarrow \frac{\mathrm{d}B(t)}{\mathrm{d}t} = B_0 \cdot 2\pi f \cdot cos(2\pi f t). \tag{5.10}$$

Aufgrund der nichtlinearen Magnetisierungskurve der Partikel ist das Partikelsignal eine verzerrte Variante des Anregungssignales. Es setzt sich als Summe von Schwingungen mit der Anregungsfrequenz f_0 und ihrer Harmonischen zusammen. Harmonische sind Vielfache der Grundfrequenz f_0 und können als $f_n = k \cdot f_0$ beschrieben werden. Einsetzen in Gleichung 5.10 ergibt:

$$B(t) = \sum_{k=1}^{N} a_k sin(2\pi k f_0 t) \Rightarrow \frac{\mathrm{d}B(t)}{\mathrm{d}t} = f_0 \sum_{k=1}^{N} a_k 2\pi k \cdot cos(2\pi k f_0 t). \tag{5.11}$$

Für Signale deren Harmonische die gleichen Amplituden a_k besitzen, ist die Amplitude der induzierten Spannung ausschliesslich von der Grundfrequenz f_0 abhängig. Folglich entspricht eine höhere Induktionsspannung bei höheren Anregungsfrequenzen genau den Erwartungen.

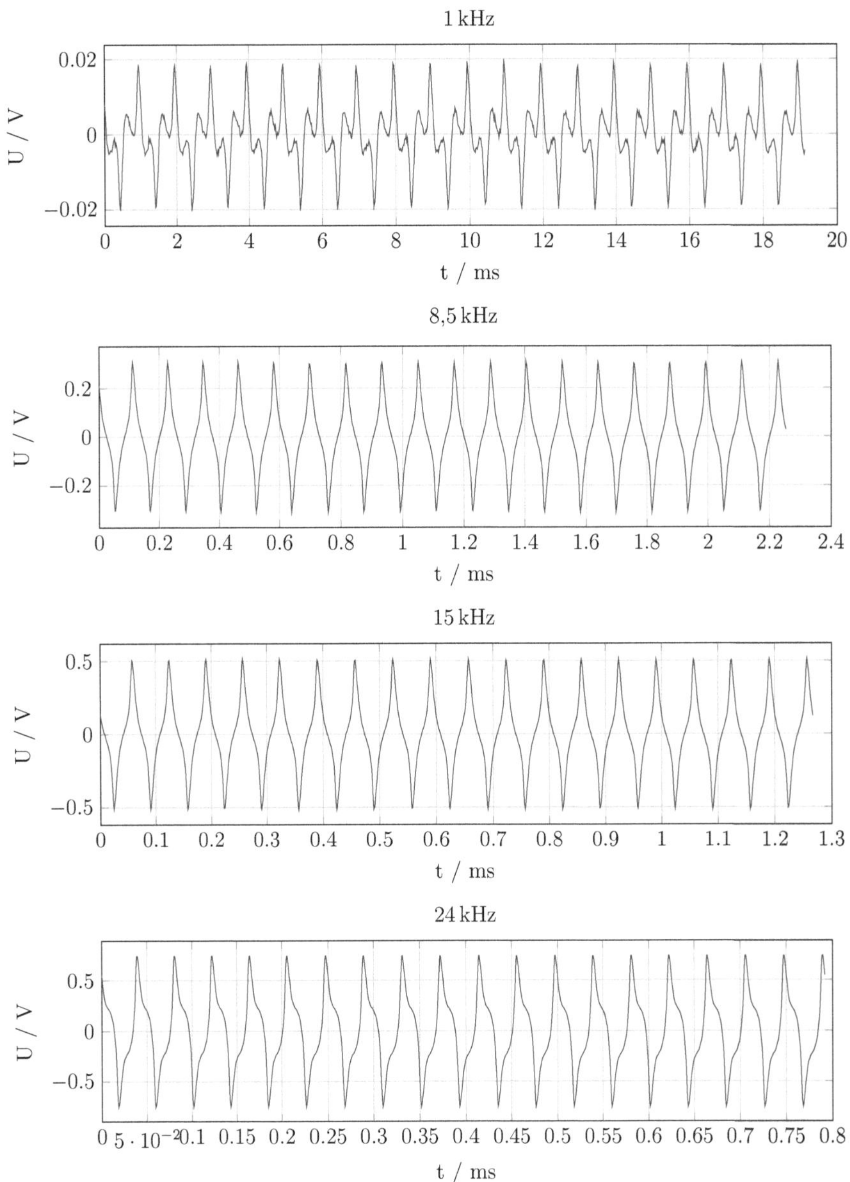

Abbildung 5.1: Zeitsignale der Messungen: Die Grafik zeigt die Zeitsignale Messungen. Das Signal wurde durch Subtraktion der Leermessung von der Partikelmessung generiert. Signale aus Messbereich 1 haben eine deutlich andere Signalform.

Betrachtet man die Signalformen der Messungen, so sehen Signale der Messung bei 8,5 kHz, 15 kHz und 24 kHz nahezu identisch aus. Das Signal bei einer Anregungsfrequenz von 1 kHz zeigt dagegen eine deutlich andere Signalform. Die unterschiedliche Signalform ist im gesamten Messbereich 1 von 100 Hz − 8,5 kHz zu beobachten. Da die Messung von 8,5 kHz aus Messbereich 2 (8,5 kHz − 14 kHz) stammt, kann der Effekt hier nicht wahrgenommen werden.

Um die Unterschiede der Signalformen zu verdeutlichen, sind in Abbildung 5.2 die Messungen der Anregungsfrequenz 8,5 kHz einmal aus Messbereich 1 und einmal aus Messbereich 2 dargestellt. Man sieht deutlich wie sich die Signalform von Messbereich 1 zu Messbereich 2 ändert.

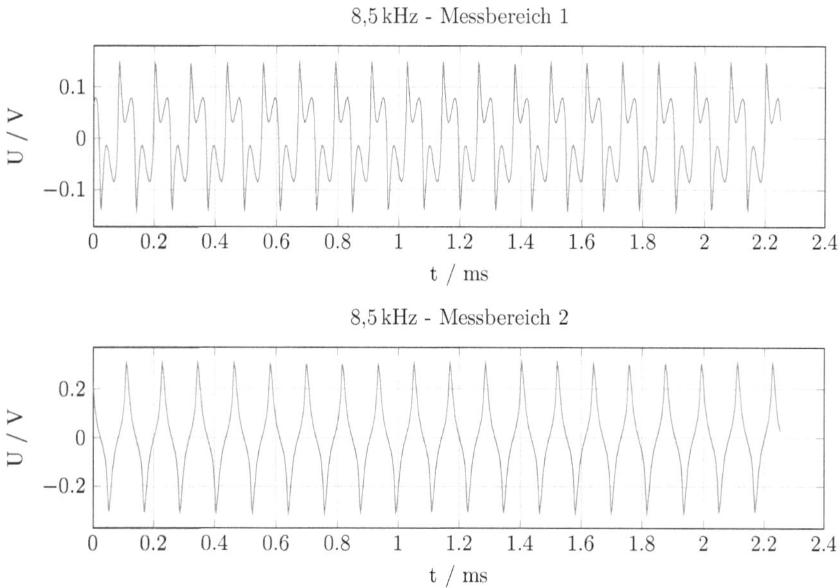

Abbildung 5.2: Signalformänderung in Messbereich 1: Die Signalform in Messbereich 1 (oben) unterscheidet sich deutlich von der Signalform in Messbereich 2 (unten).

Die Signalformänderung wird durch einen Phasenversatz des Partikelsignals in Messbereich 1 verursacht und kann durch eine Korrektur der Phase eliminiert werden. Abbildung 5.3 zeigt das korrigierte Signal.

Der Aufbau von Messbereich 2 unterscheidet sich nur durch seine Kondensatoren von Messbereich 1. Vermutlich ist die unkompensierte Nutzung der Anregungsspulen die Ursache für den Phasenversatz.

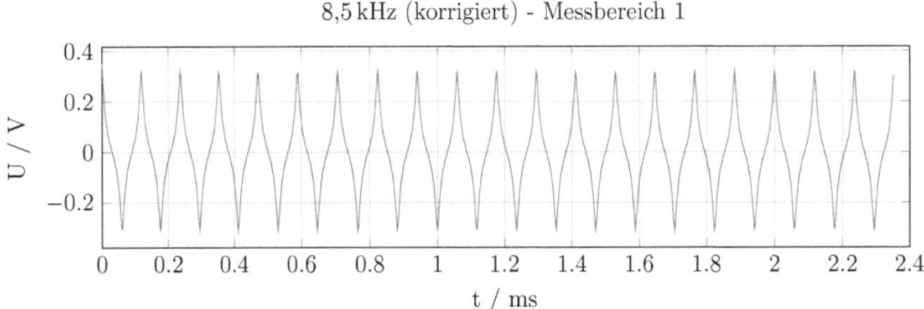

Abbildung 5.3: Korrigierte Signalform aus Messbereich 1: Durch die Änderung des Phasenganges kann die Signalform korrigiert werden. Das Signal wurde generiert, indem eine inverse Fouriertransformation des Amplitudenganges durchgeführt wurde.

Das gemessene Signal ist proportional zur Magnetisierungsänderung. Eine qualitative Darstellung der Magnetisierung kann durch Integration des Messsignals ermittelt werden und über die kumulative Summe

$$M(n) = \sum_{i=1}^{n} u(i) \tag{5.12}$$

angenähert werden. Hierbei sei $u(i)$ ein Wert des diskretisierten Messsignals und $M(n)$ ein zur Magnetisierung proportionales Signal. Die Signalform ist in Abbildung 5.4 zu sehen.

Das Messsignal weist einen konstanten Messfehler auf, welcher sich bei der Berechnung von $M(n)$ aufsummiert. Der Effekt scheint bei niedrigen Frequenzen stärker, da bei diesen mehr Messwerte aufgenommen werden. Sowohl die Leermessung, als auch die Partikelmessung sind von dem Messfehler betroffen. Zur Kompensation des Fehlers, wird das Signal der Leermessung vom Signal der Partikelmessung subtrahiert. Wahrscheinliche Ursachen für diesen Fehler sind unkalibrierte I/O-Karten oder ein Offset des LNAs.

Wie man sieht, konnte der Effekt des Gleichanteils deutlich verringert, allerdings nicht komplett beseitigt werden. Vor allem im unteren Frequenzbereich sind immer noch Einflüsse des Gleichanteils erkennbar, da selbst ein geringer Gleichanteil nach der Summierung über genügend Messwerte noch erkennbar ist. Dennoch ist die Signalform der Magnetisierung deutlich erkennbar.

Nachdem einige Aspekte des Messsignals im Zeitbereich diskutiert wurden, soll nachfolgend eine Analyse im Frequenzbereich durchgeführt werden. Um den Einfluss des messbedingten Gleichanteils gering zu halten, wird jedes Signal, welches im Frequenzbereich besprochen wird, durch seine zugehörige Leermessung kompensiert.

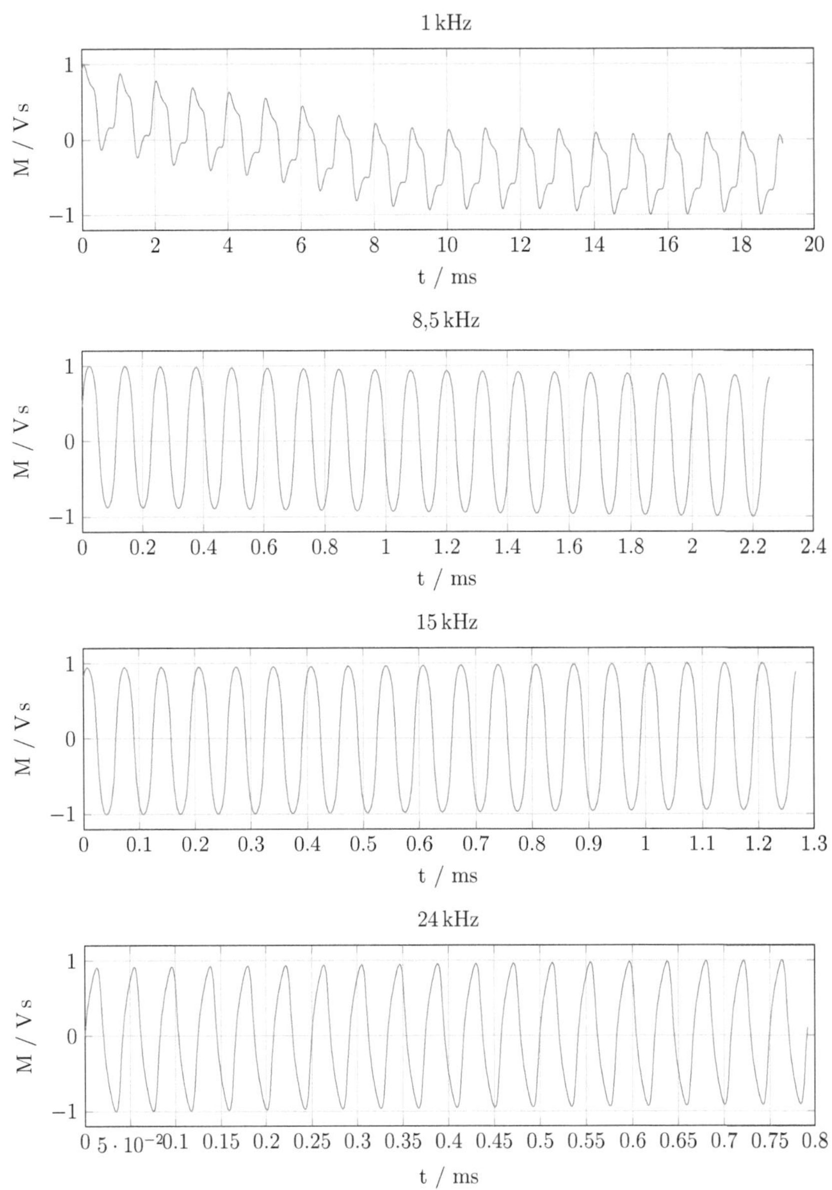

Abbildung 5.4: Magnetisierungssignalform: Die Magnetisierungssignalform wurde als kumulative Summe des Messsignals berechnet. Sie ist proportional zur Magnetisierung, da Systemeinflüsse wie die Sensitivität der Spulen nicht korrigiert wurden. Das verwendete Signal wurde erzeugt, indem das Messsignal der Leermessung vom Messsignal der Partikelmessung abgezogen wurde. Die Werte der Magnetisierungssignalform wurden auf den Intervall $[-1, 1]$ skaliert.

5.3.2 Diskussion der Messergebnisse im Frequenzbereich

Zur Analyse der Signale im Frequenzbereich werden die Signale fouriertransformiert. Im Betrag der Fouriertransformierten ist das Partikelsignal erkennbar. Es besteht aus der Anregungsfrequenz und den ungeraden Harmonischen der Anregungsfrequenz. Aus dem Betrag der Fouriertransformierten können zudem die THD und das Harmonische Verhältnis berechnet werden. In den Simulationen haben die THD und das Harmonische Verhältnis ein interessantes Verhalten im vermuteten Übergangsbereich von Brownscher zu Néelscher Rotation gezeigt. Dementsprechend können beide Werte als mögliche Indikatoren für eine Übergangsfrequenz der Rotationsmechanismen in Betracht gezogen werden. Erneut werden die bekannten Anregungsfrequenzen 1 kHz, 8,5 kHz, 15 kHz und 24 kHz als Beispiele dargestellt. Die Daten für 8,5 kHz wurden durch eine Messung in Messbereich 1 ermittelt. Der Betrag der Fouriertransformierten ist in Abbildung 5.6 dargestellt. Neben der Berechnung der Fouriertransformierten wurde zusätzlich die Anregungsfrequenz auf 1 normiert und die Abszisse als Vielfache der Anregungsfrequenz, also Nummer der Harmonischen gewählt. Die Anregungsfrequenz ist dabei die erste Harmonische. Die gewählte Darstellung soll zu einer besseren Vergleichbarkeit der Spektren beitragen.

Man kann in allen Spektren das Partikelsignal erkennen. Dabei fällt auf, dass in Messbereich 1 die dritte und fünfte Harmonische sehr stark im Vergleich zur Anregungsfrequenz vertreten sind. In gleicher Weise sind die geraden Harmonischen in Messbereich 1 deutlich stärker Vertreten als in den anderen Messbereichen.

Die berechnete THD in Abbildung 5.5 bestätigt die Vermutung, dass die Verzerrung in Messbereich 1 größer ist als in den anderen Messbereichen. Die Ursache für die stärkere Verzerrung sind die geraden Harmonischen. Aus der Literatur ist bekannt, dass eine Erhöhung der geraden Harmonischen durch ein statisches Magnetfeld verursacht werden kann[45][46]. Ein statisches Magnetfeld kann durch einen Offset im Anregungssignal verursacht werden, welcher erneut auf unkalibrierte I/O-Karten oder einen Offset des Leistungsverstärkers schließen lässt. Die geraden Harmonischen sind in Messbereich 1 stärker, da hier auf die Verwendung von Kondensatoren verzichtet wurde und der Gleichanteil des Anregungssignales nicht geblockt wird. Alle anderen Messbereiche verwenden Kondensatoren und blockieren den Gleichanteil des Anregungssignals. Der verbleibende Anteil gerader Harmonischer in den Messbereichen kann durch das Magnetfeld der Erde begründet werden[45].

In den einzelnen Messbereichen ist ein recht gleichmäßiger Verlauf zu erkennen. In Messbereich 1 steigt die THD zunächst recht steil an und fällt ab einer Frequenz von etwa 2,5 kHz langsam ab. In den anderen Messbereichen lässt sich kaum eine Änderung erkennen. Das Verhalten der THD deckt sich nicht mit den Simulationsdaten. Ursache dafür können die geraden Harmonischen sein, andererseits können andere Ursachen nicht ausgeschlossen werden. Die THD ist durch den Einfluss der geraden Harmonischen nicht geeignet, um das Verhalten der Partikel in den unterschiedlichen Messbereichen zu vergleichen.

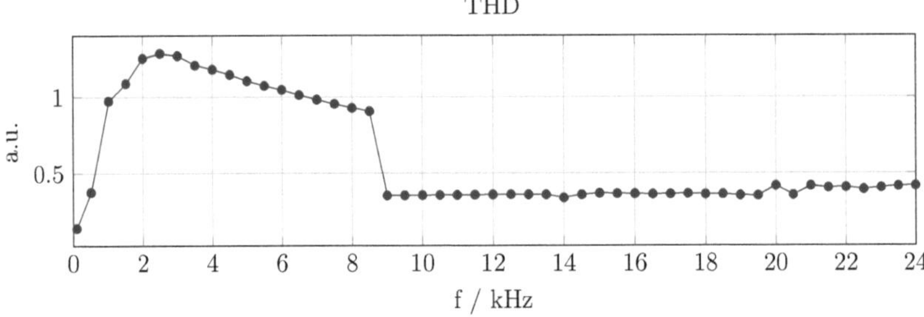

Abbildung 5.5: totale harmonische Verzerrung: Die totale harmonische Verzerrung zeigt deutlich die unterschiedliche Verzerrung von Messbereich 1 im Vergleich zu den anderen Messbereichen.

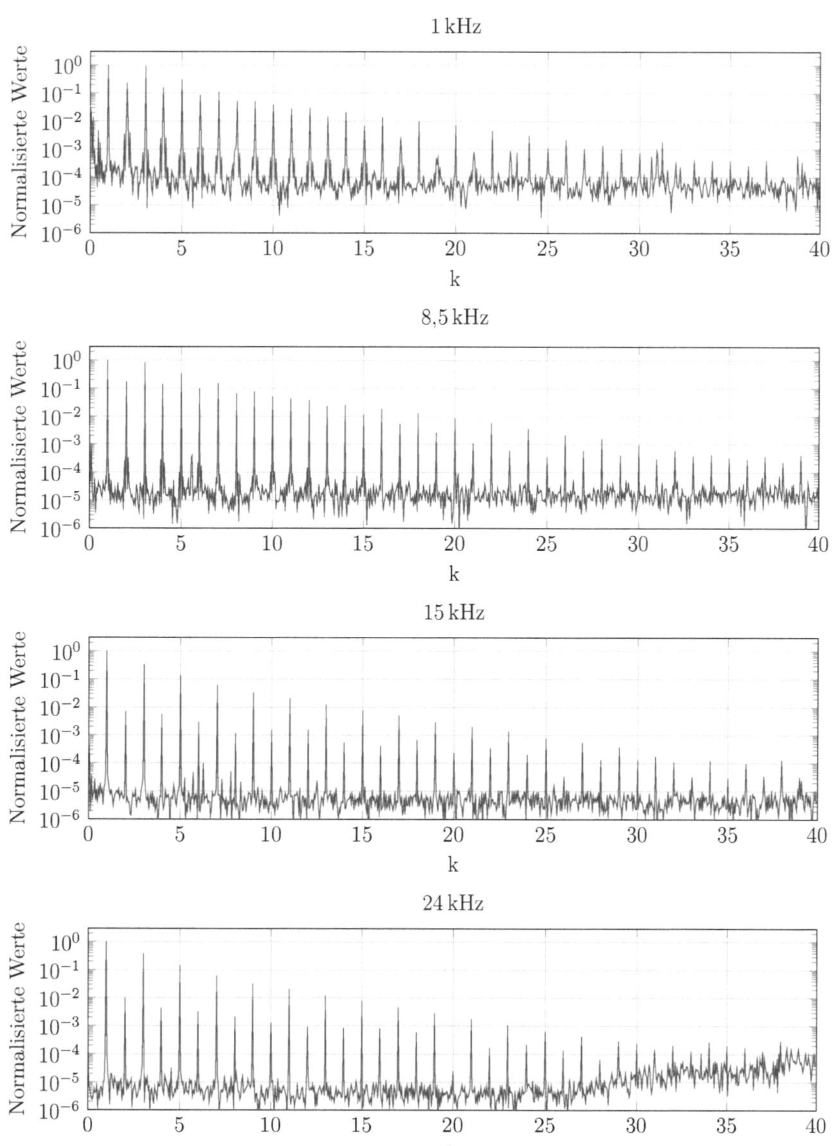

Abbildung 5.6: Betrag der normierten Fouriertransformierten: Das Signal der Leermessung wurde vom Partikelsignal subtrahiert und fouriertransformiert. Der Betrag der Fouriertransformierten ist normiert dargestellt. Messbereich 1 zeigt einen deutlich höheren Anteil gerader Harmonischer.

Das Harmonische Verhältnis, welches in Abbildung 5.7 dargestellt ist, wird unter Verwendung der dritten und fünften Harmonischen berechnet. Aus diesem Grund haben die geraden Harmonischen keinen Einfluss auf das Harmonische Verhältnis, was in der Abbildung deutlich zu erkennen ist. Bei dem Übergang von Messbereich 1 zu Messbereich 2 ist dennoch ein kleiner Sprung zu erkennen, der Verlauf ohne diesen Sprung ist allerdings gut erkennbar. Das Harmonische Verhältnis steigt zunächst steil an, erreicht einen Höhepunkt bei etwa 4 kHz und fällt dann langsam ab. Hervorzuheben sind ,Knicke' bei 2 kHz und 4 kHz, welche mögliche Indikatoren für einen Übergang von Brownscher Rotation zu Néelscher Rotation darstellen könnten.

Um genauere Aussagen über den Zusammenhang von Harmonischem Verhältnis zu dem Übergang von Brownscher zu Néelscher Rotation zu treffen sind weitere Untersuchungen notwendig. Ein sinnvoller Ansatz ist es, das Verhalten des Harmonischen Verhältnis bei den einzelnen Rotationsmechanismen zu untersuchen. Das Harmonische Verhältnis wurde in der Vergangenheit bereits zur Bestimmung der Temperatur[47] und dem Einfluss der Viskosität bei Brownscher Rotation[48] verwendet. Obwohl beide Verfahren nur eine Anregungsfrequenz verwenden, ist der Einfluss der Viskosität auf das Verhalten der Partikel bei Brownscher Rotation verwandt mit dem Verhalten der Partikel bei Erhöhung der Anregungsfrequenz. Die Ergebnisse der Arbeit sollen im Folgenden vorgestellt werden.

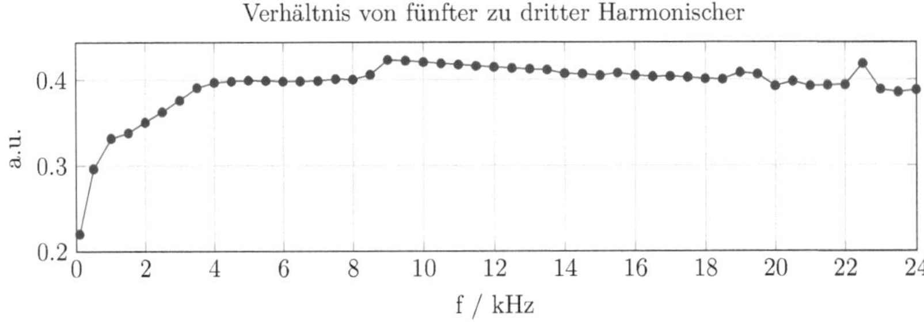

Abbildung 5.7: Das Harmonische Verhältnis: Das Harmonische Verhältnis ist nicht so stark von der Verzerrung in Messbereich 1 betroffen.

Der Artikel „Viscous effects on nanoparticle magnetization harmonics " von Rauwerdink et al. untersucht das Harmonische Verhältnis bei einer festen Frequenz und verschiedenen Viskositäten. Die Anregungsfrequenz wurde als $f_0 = 244\,\mathrm{Hz}$ und eine Amplitude der magnetischen Flussdichte von $10\,\mathrm{mT}$ bei Partikelkerndurchmessern von $20 - 30\,\mathrm{nm}$ gewählt, sodass nur Brownsche Rotation stattfindet[48][49]. Vergleicht man das Harmonische Verhältnis aus Abbildung 5.7 mit dem Ergebniss von Rauwerdink et al. in Abbildung 5.8, so erkennt man einen ähnlichen Verlauf des Harmonischen Verhältnisses.

Rauwerdink et al. erklären den Verlauf in Abbildung 5.8 folgendermaßen[48]. Im unteren Viskositätsbereich ist das magnetische Moment in Phase mit dem Anregungssignal. Mit steigender Viskosität hängt das magnetische Moment dem Anregungssignal hinterher. Es kommt zur Erzeugung stärkerer, harmonischer Verzerrungen und zum Anstieg des Harmonischen Verhältnisses. Anschließend fallen die Amplituden der dritten und fünften Harmonischen ab, da die hohe Viskosität eine Teilchenrotation verhindert, das Harmonische Verhältnis hingegen bleibt gleich. Modelliert wird der Prozess durch die magnetische Suzeptibilität χ. Sie beschreibt das Verhalten der Magnetisierung in Abhängigkeit des magnetischen Feldes und ist eine komplexe Größe

$$M = \chi H \quad \chi \in \mathbb{C}. \tag{5.13}$$

Der Realteil der magnetischen Suszeptibilität gibt dabei den Teil der Magnetisierung an, welcher in Phase mit dem magnetischen Feld ist und der Imaginärteil gibt den phasenversetzten Anteil der Magnetisierung an.

Obwohl die Ursache unterschiedlich ist, so ist das Partikelverhalten bei Brownscher Rotation identisch mit dem Partikelverhalten bei Erhöhung der Anregungsfrequenz. Durch die Wahl der geringen Anregungsfrequenz haben Rauwerdink et al. Néelsche Rotation systematisch ausgeschlossen. Aus diesem Grund kann das Harmonische Verhältniss allein nicht als einziger Indikator für einen Übergang zur Néelschen Rotation angesehen werden. Andererseits ist in Abbildung 5.8 erkennbar, dass direkt nach Erreichen des größten Harmonischen Verhältnisses die Amplituden von dritter und fünfter Harmonischer abfallen. Die Ursache dafür ist, dass das

Partikel sein magnetisches Moment bei einer zu großen Viskosität nicht durch Teilchenrotation in Richtung des magnetischen Feldes ausrichten kann.

In den Beträgen der Fouriertransformation in Abbildung 5.6 ist kein derartig rapider Abfall der ungeraden Harmonischen zu sehen, wie in Abbildung 5.8. Die ungeraden Harmonischen in den höheren Frequenzbereichen können somit nur durch Néelsche Rotation entstanden sein. Es folgt, dass die gemessene Probe kein rein Brownsches Rotationsverhalten aufweist.

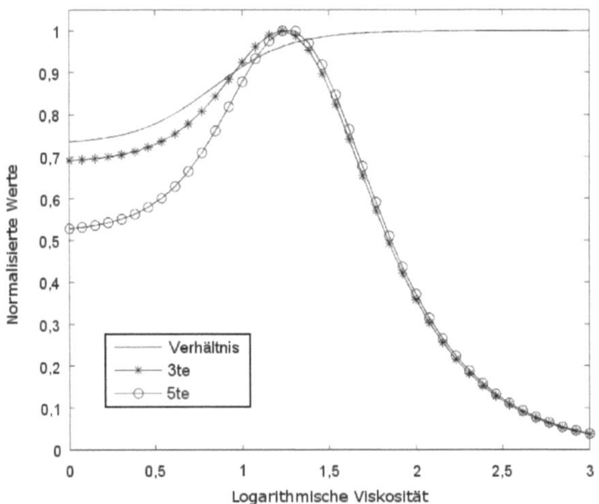

Abbildung 5.8: Harmonisches Verhältnis bei Viskositätsänderung: Das Verhältnis von fünfter zu dritter Harmonik bezogen auf die logarithmische Viskosität. Der Teilchendurchmesser wurden mit 29 nm modelliert. Das Anregungsfeld hat eine Frequenz von 250 Hz, sodass keine Néeleffekte auftreten sollten. Die Amplitude des Feldes beträgt 10 mT. Abbildung nach [48].

Kapitel 6

Auswertung und Ausblick

In diesem Kapitel soll die Arbeit ausgewertet und mit einem Ausblick abgeschlossen werden. Die Auswertung beinhaltet die Zusammenfassung der Arbeit, sowie eine kritische Diskussion der Ergebnisse. Im Ausblick sollen weitere Untersuchungen vorgeschlagen werden, um die Ergebnisse dieser Arbeit zu evaluieren. Ebenso sollen mögliche Anwendungen der Ergebnisse vorgeschlagen werden.

6.1 Auswertung

Ziel der Arbeit war es, einen Indikator für die Übergangsfrequenz von Néelscher zu Brownscher Rotation zu finden. Dazu wurden zunächst die notwendigen physikalischen Begriffe geklärt. Anschließend wurden zwei Verfahren vorgestellt, mit der sich die Partikeldynamik simulieren lässt. Die Simulationsergebnisse der Bewegungsgleichungen wurden vorgestellt und diskutiert. Die THD und das Harmonische Verhältnis der Simulationsergebnisse haben einen möglichen Indikator vermuten lassen. Um umfassendere Vorhersagen zu treffen, sollte die Simulation weiter verfeinert werden. Es folgt eine Beschreibung der einzelnen Systemkomponenten und ihrer Funktion, sowie deren Zusammenwirken im Gesamtsystem.

Nach dem Aufbau des Systems wurde der Messablauf beschrieben und die Messergebnisse ausgewertet. Der Einfluss eines Offsets im Messsignal und seine Kompensation durch Subtraktion einer Leermessung wurden dargestellt. Eine Verzerrungsänderung zwischen Messbereich 1 und 2 legt ebenfalls einen Offset im Anregungssignal nahe. Das gleichzeitige Auftreten eines Offsets im Sende- und Empfangssignal legt die Vermutung nahe, dass die I/O-Karten nicht richtig kalibriert waren. Das Offset im Anregungssignal sorgt für stärkere, gerade Harmonische im Partikelsignal. Infolgedessen ist die THD im ersten Messbereich deutlich größer und für eine geschlossene Auswertung ungeeignet.

Mit dem Harmonischen Verhältnis konnte jedoch ein Maß gefunden werden, welches von dem Offset im Anregungsfeld nur wenig beeinflusst wurde. Der Verlauf des Harmonischen Verhältnisses wurde diskutiert und zwei markante Stellen als mögliche Indikatoren für einen Übergang von Brownscher zu Néelscher Rotation vorgeschlagen. Die von Rauwerdink et al. untersuchten Effekte der Viskosität auf das Harmonische Verhältnis sind bei Brownscher Rotation identisch mit den Effekten die eine Anstieg der Anregungsfrequenz mit sich bringt. Ein kurzer Einblick in die Arbeit dient als Ausgangspunkt für eine weitere Auswertung der Ergebnisse. Es wird deutlich, dass eine umfassende Interpretation der Ergebnisse nur mit weiteren Untersuchungen möglich ist. Einige der möglichen Untersuchungen sollen im Ausblick vorgestellt werden.

6.2 Ausblick

Die erfolgreiche Interpretation der Ergebnisse hängt, neben der Notwendigkeit weiterer Untersuchungen, von der Qualität des Messsystems ab. Im Folgenden werden einige Verbesserungsmöglichkeiten für das System vorgeschlagen. Eine offensichtliche Verbesserungsmöglichkeit ist eine separate Schirmung des Systems. Das System ist dadurch besser vor äusseren Störquellen geschützt. Eine dedizierte Stromregelung kann für einen besser kontrollierten Spulenstrom sorgen und zugleich Änderungen der elektrischen Eigenschaften der Spule kompensieren. Die Ursache der Offsets im Sende- und Empfangssignal muss gefunden und behoben werden, sodass eine messbereichsübergreifende Auswertung der Ergebnisse möglich ist. Alternativ kann ein Elektrolyt-Kondensator genutzt werden, um den Gleichanteil in Messbereich 1 zu blockieren. Um den Einfluss des Messsystems zu kompensieren, kann die Transferfunktion des Systems aufgenommen und das Empfangssignal mit ihr korrigiert werden. Aus experimenteller Sicht ist eine Untersuchung der Partikel bei blockierter Brownscher Rotation oder Néelscher Rotation interessant. Durch die Blockierung je eines Rotationsmechanismus, kann das Verhalten des Harmonischen Verhältnisses bei rein Néelscher Rotation oder rein Brownscher Rotation untersucht werden. Eine Blockierung der Brownschen Rotation kann erreicht werden, indem die Partikel in hochviskosem Material immobilisiert werden. Eine Blockierung der Néelschen Rotation kann durch Abkühlung der Probe geschehen, sodass die Kombination aus thermischem Einfluss und Anregungsfeld nicht ausreicht, um die Energiebarriere der Anisotropie zu überwinden. Eine Vergrößerung des Partikelkerns kann ebenfalls zu einer blockierten Néelschen Rotation führen[11, S. 28][50]. Da der Verlauf der THD im ersten Messbereich ebenfalls ein interessantes Verhalten aufgezeigt hat, kann eine Untersuchung mit einer Kombination aus magnetischem Gleich- und Wechselfeld weitere Erkenntnisse bringen. Um quantitative Aussagen zur Magnetisierung zu ermöglichen, ist eine Kalibrierung des Systems auf ein magnetisches Moment erforderlich. Dazu kann eine Spule genutzt werden, die ein bekanntes magnetisches Moment erzeugt. Die Spule ersetzt bei einer Kalibrierung die Partikelprobe.

Spektrometrische Analysen bei verschiedenen Anregungsfrequenzen ermöglichen neue Untersuchungen: Aus der Übergangsfrequenz von Brownscher Rotation zu Néelscher Rotation kann, bei bekannter Partikelgröße, auf die Viskosität des umgebenden Mediums geschlossen werden und umgekehrt. Die Temperatur der Probe kann ermittelt werden. Die Wahl der Anregungsfrequenz und der Einfluss eines statischen Magnetfeldes können untersucht werden. Ziel der Untersuchungen ist es ein besseres Verständnis für das Partikelverhalten zu gewinnen. Durch das bessere Verständnis des Partikelverhaltens ist es möglich, die Eignung der Partikel zu bewerten und bessere Partikel für die Anwendung in der Bildgebung zu synthetisieren.

Literaturverzeichnis

[1] BUZUG, T. M. ; BRINGOUT, G. ; ERBE, M. ; GRÄFE, K. ; GRAESER, M. ; GRÜTTNER, M. ;
HALKOLA, A. ; SATTEL, T. F. ; TENNER, W. ; WOJTCZYK, H ; HAEGELE, J. ; VOGT, F. M. ;
BARKHAUSEN, J. ; LÜDTKE-BUZUG, K.: Magnetic particle imaging: Introduction to imaging
and hardware realization. In: *Zeitschrift für Medizinische Physik* 22 (2012), Nr. 4, S. 323 –
334. DOI 10.1016/j.zemedi.2012.07.004

[2] GLEICH, B. ; WEIZENECKER, J.: Tomographic imaging using the nonlinear response of
magnetic particles. In: *Nature* 435 (2005), Nr. 7046, S. 1214–1217. DOI 10.1038/nature03808

[3] WEIZENECKER, J. ; GLEICH, B. ; RAHMER, J. ; DAHNKE, H. ; BORGERT, J.: Three-
dimensional real-time in vivo magnetic particle imaging. In: *Physics in Medicine and Biology*
54 (2009), S. L1 – L10. DOI 10.1088/0031–9155/54/5/L01

[4] KNOPP, T. ; BIEDERER, S. ; SATTEL, T. F. ; ERBE, M. ; BUZUG, T. M.: Prediction of the
Spatial Resolution of Magnetic Particle Imaging Using the Modulation Transfer Function
of the Imaging Process. In: *IEEE Transactions on Medical Imaging* 30 (2011), Nr. 6, S.
1284–1292

[5] EINSTEIN, A.: Investigations on the Theory of the Brownian Movement. Dover : Dover
Publications, 1956. ISBN 9780486603049

[6] NÉEL, L.: Some theoretical aspects of rock-magnetism. In: *Advances in Physics* 4 (1955),
Nr. 14, S. 191 – 243. DOI 10.1080/00018735500101204

[7] HEAVISIDE, O.: *Electromagnetic Theory*. Boston : Electrician Print and Publishing Company,
1893

[8] MAXWELL, J. C.: A Dynamical Theory of the Electromagnetic Field. In: *Philosophical Transactions of the Royal Society of London* 155 (1865), S. 459 – 512. DOI 10.1098/rstl.1865.0008

[9] GRIFFITHS, D. J.: *Introduction to Electrodynamics*. 3. New Jersey : Prentice Hall, 1999

[10] LENZ, E.: Ueber die Bestimmung der Richtung der durch elektrodynamische Vertheilung
erregten galvanischen Ströme. In: *Annalen der Physik* 107 (1834), Nr. 31, S. 483 – 494. DOI
10.1002/andp.18341073103 – ISSN 1521–3889

[11] ROGGE, H.: *Magnetic Particle Imaging*, Ernst-Moritz-Arndt-Universität Greifswald, Diplomarbeit, 2011

[12] CULLITY, B. D. ; GRAHAM, C. D.: *Introduction to Magnetic Materials*. 2. New Jersey : Wiley-IEEE Press, 2008. DOI 10.1002/9780470386323 – ISBN 9780471477419

[13] KIRSCHVINK, J. L. ; JONES, D. S. ; MACFADDEN, B. J.: *Magnetite Biomineralization and Magnetoreception in Organisms*. New York : Springer My Copy UK, 1985. DOI 10.1007/978-1-4613-0313-8 – ISBN 9781461303145

[14] GUIMARÃES, A. P.: *Principles of Nanomagnetism*. Heidelberg : Springer Berlin Heidelberg, 2009. DOI 10.1007/978-3-642-01482-6

[15] LOWRIE, W.: *Fundamentals of Geophysics*. Cambridge : Cambridge University Press, 2007. – ISBN 9780521675963

[16] LÜDTKE-BUZUG, K. ; BIEDERER, S. ; SATTEL, T. F. ; KNOPP, T ; BUZUG, T. M.: Preparation and Characterization of Dextran-Covered Fe3O4 Nanoparticles for Magnetic Particle Imaging. Version: 2009. In: *4th European Conference of the International Federation for Medical and Biological Engineering* Bd. 22. Heidelberg : Springer Berlin Heidelberg, 2009. – DOI 10.1007/978-3-540-89208-3_562. – ISBN 9783540892076

[17] STONER, E. C. ; WOHLFARTH, E. P.: A Mechanism of Magnetic Hysteresis in Heterogeneous Alloys. In: *Philosophical Transactions of the Royal Society of London Series A 240* (1948). S. 599 – 642. DOI 10.1098/rsta.1948.0007

[18] RAIBLE, M. ; ENGEL, A.: Langevin equation for the rotation of a magnetic particle. In: *Applied Organometallic Chemistry* 18 (2004), Nr. 10, S. 536 – 541. DOI 10.1002/aoc.757. – ISSN 1099-0739

[19] COFFEY, W. T. ; KALMYKOV, Y. U. P.: Thermal fluctuations of magnetic nanoparticles: Fifty years after Brown. In: *Journal of Applied Physics* 112 (2012), Nr. 12. DOI 10.1063/1.4754272

[20] WEIZENECKER, J. ; GLEICH, B. ; RAHMER, J. ; BORGERT, J.: Micro-magnetic simulation study on the magnetic particle imaging performance of anisotropic mono-domain particles. In: *Physics in Medicine and Biology* 57 (2012), Nr. 22, S. 7317 – 7327. DOI 10.1088/0031-9155/57/22/7317 – ISSN 0031-9155

[21] CARR, H.: Steady-State Free Precession in Nuclear Magnetic Resonance. In: *Physical Review* 112 (1958), S. 1693-1701. DOI 10.1103/PhysRev.112.1693

[22] GUTOWSKI, M. W.: *Where is magnetic anisotropy field pointing to?* arXiv:1312.7130. http://adsabs.harvard.edu/abs/2013arXiv1312.7130G

[23] WEIZENECKER, J. ; GLEICH, B. ; RAHMER, J. ; BORGERT, J.: Particle Dynamics of Mono-Domain Particles. In: *Magnetic Particle Imaging*. Singapur : World Scientific Publishing Company, 2010, S. 3 – 15 ISBN 978–3–540–89207–6

[24] ROGGE, H. ; ERBE, M. ; BUZUG, T. M. ; LÜDTKE-BUZUG, K.: Simulation of the magnetization dynamics of diluted ferrofluids in medical applications. In: *Biomedical Engineering* 58 (2013), Nr. 6, S. 601 – 609. doi: 10.1515/bmt-2013-0034

[25] COFFEY, W. T. ; CREGG, P. J. ; KALMYKOV, Y. U. P.: *On the Theory of Debye and Néel Relaxation of Single Domain Ferromagnetic Particles*. New Jersey : John Wiley & Sons, Inc., 2007. – 263–464 S. DOI 10.1002/9780470141410.ch5 – ISBN 9780470141410

[26] COFFEY, W. T. ; KALMYKOV, Y. U. P. ; WALDRON, J. T.: *The Langevin Equation: With Applications to Stochastic Problems in Physics, Chemistry and Electrical Engineering (World Scientific Series in Contemporary Chemical Physics Vol. 14) - Second Edition*. Singapur : World Scientific Publishing Company, 2004. DOI 10.1142/5343 – ISBN 9812384626

[27] SHLIOMIS, M. ; STEPANOV, V.: Theory of the dynamic susceptibility of magnetic fluids. In: *Advances in Chemical Physics: Relaxation Phenomena in Condensed Matter, Volume 87* (1994), S. 1 – 30. DOI 10.1002/9780470141465.ch1

[28] BEHRENDS, E.: *Markovprozesse und stochastische Differentialgleichungen*. Wiesbaden : Springer Fachmedien Wiesbaden, 2013. DOI 10.1007/978–3–658–00988–5 – ISBN 9783658009878

[29] BRONSTEIN, I. N. ; SEMENDJAJEW, K. A. ; MUSIOL, G. ; MÜHLIG, H.: *Taschenbuch der Mathematik*. Frankfurt am Main : Verlag Harri Deutsch, 2008. – ISBN 9783817120079

[30] ITÔ, K.: Stochastic integral. In: *Proceedings of the Imperial Academy* 20 (1944), Nr. 8, S. 519 – 524. DOI 10.3792/pia/1195572786

[31] STRATONOVICH, R.: A New Representation for Stochastic Integrals and Equations. In: *SIAM Journal on Control* 4 (1966), Nr. 2, S. 362–371. DOI 10.1137/0304028

[32] WONG, E. ; ZAKAI, M.: On the Convergence of Ordinary Integrals to Stochastic Integrals. In: *The Annals of Mathematical Statistics* 36 (1965), 10, Nr. 5, S. 1560 – 1564. DOI 10.1214/aoms/1177699916

[33] DEISSLER, R. J. ; WU, Y. ; MARTENS, M. A.: Dependence of Brownian and Néel relaxation times on magnetic field strength. In: *Medical Physics* 41 (2014), Nr. 1. DOI 10.1118/1.4837216

[34] GARCÍA-PALACIOS, J. ; LÁZARO, F.: Langevin-dynamics study of the dynamical properties of small magnetic particles. In: *Physical Review Letters B* 58 (1998), S. 14937 – 14958. DOI 10.1103/PhysRevB.58.14937

[35] SHMILOVITZ, D.: On the definition of total harmonic distortion and its effect on measurement interpretation. In: *Power Delivery, IEEE Transactions on* 20 (2005), Nr. 1, S. 526 – 528. DOI 10.1109/TPWRD.2004.839744(410) 2. – ISSN 0885–8977

[36] WEAVER, J. B. ; KUEHLERT, E.: Measurement of magnetic nanoparticle relaxation time. In: *Medical Physics* 39 (2012), Nr. 5, S. 2765 – 2770. DOI 10.1118/1.3701775

[37] BIEDERER, S. ; KNOPP, T. ; SATTEL, T. F. ; LÜDTKE-BUZUG, K. ; GLEICH, B. ; WEIZENECKER, J. ; BORGERT, J. ; BUZUG, T. M.: Magnetization response spectroscopy of superparamagnetic nanoparticles for magnetic particle imaging. In: *Journal of Physics D* 42 (2009), Nr. 20, S. 1 – 7 DOI 10.1088/0022-3727/42/20/205007

[38] INNOVATIVE INTEGRATION (Hrsg.): *X3A4D4 - PCI Express XMC Module with Four 4 MSPS A/Ds, Four 50 MSPS DACs and 1.8M Spartan3A DSP FPGA.* Innovative Integration, 2007. `http://www.innovative-dsp.com/myii/dl_DataSheet.php?file=X3-A4D4_datasheet.pdf`, Zugriff am: 28.11.2014

[39] GRAESER, M. ; KNOPP, T. ; GRÜTTNER, M. ; SATTEL, T. F. ; BUZUG, T. M.: Analog receive signal processing for magnetic particle imaging. In: *Medical Physics* 40 (2013), Nr. 4. DOI 10.1118/1.4794482

[40] ELEKTRISOLA DR. GERD SCHILDBACH GMBH & CO.KG (Hrsg.): *Technical data for enamelled copper wire, based on IEC 60317.* Elektrisola Dr. Gerd Schildbach GmbH & Co.KG, 2012. `http://www.elektrisola.com/fileadmin/webdata/english/Downloads/ELEKTRISOLA_EnCuWire_IEC_Datasheet_eng.pdf`, Zugriff am: 28.11.2014

[41] KORIES, R. ; SCHMIDT-WALTER, H.: *Taschenbuch der Elektrotechnik: Grundlagen und Elektronik.* Frankfurt am Main : Deutsch, 2010 (Edition Harri Deutsch). – ISBN 9783817118588

[42] HAGMANN, G.: *Grundlagen der Elektrotechnik.* Wiebelsheim : AULA-Verlag, 2009. – ISBN 9783891047309

[43] AETECHRON (Hrsg.): *AETechron 7224 - Operator's Manual.* AETechron, `http://www.aetechron.com/pdf/7224_OperatorManual.pdf`, Zugriff am: 29.11.2014

[44] *SR560 - DC to 1 MHz voltage preamplifier - Datasheet.* : *SR560 - DC to 1 MHz voltage preamplifier - Datasheet*, `http://www.thinksrs.com/downloads/PDFs/Catalog/SR560c.pdf`, Zugriff am: 15.12.2014

[45] BIEDERER, S. ; KREN, S. ; SATTEL, T. F. ; ERBE, M. ; KNOPP, T. ; LÜDTKE-BUZUG, K. ; BUZUG, T. M.: Ein magnetisches Partikel-Spektrometer zur Messung der Magnetisierung von Nanopartikeln unter der Verwendung von AC- und DC-Feldern. In: *44. Jahrestagung der*

Deutschen Gesellschaft für Biomedizinische Technik im VDE - BMT 2010 Bd. 55. Rostock, 2010, S. 295 ff.

[46] WEAVER, J. B. ; RAUWERDINK, A. M. ; SULLIVAN, C. R. ; BAKER, I.: Frequency distribution of the nanoparticle magnetization in the presence of a static as well as a harmonic magnetic field. In: *Medical Physics* 35 (2008), Nr. 5, S. 1988–1994. DOI 10.1118/1.2903449

[47] WEAVER, J. B. ; RAUWERDINK, A. M. ; HANSEN, E. W.: Magnetic nanoparticle temperature estimation. In: *Medical Physics* 36 (2009), Nr. 5, S. 1822 – 1829. DOI 10.1118/1.3106342

[48] RAUWERDINK, A. M. ; WEAVER, J. B.: Viscous effects on nanoparticle magnetization harmonics. In: *Journal of Magnetism and Magnetic Materials* 322 (2010), Nr. 6, S. 609 – 613. DOI 10.1016/j.jmmm.2009.10.024. – ISSN 0304–8853

[49] FISCHER, B. ; HUKE, B. ; LÜCKE, M. ; HEMPELMANN, R.: Brownian relaxation of magnetic colloids. In: *Journal of Magnetism and Magnetic Materials* 289 (2005), S. 74 – 77. DOI 10.1016/j.jmmm.2004.11.021. – ISSN 0304–8853

[50] BERKUM, S. van ; DEE, J. T. ; PHILIPSE, A. P. ; ERNÉ, B. H.: Frequency-Dependent Magnetic Susceptibility of Magnetite and Cobalt Ferrite Nanoparticles Embedded in PAA Hydrogel. In: *International Journal of Molecular Sciences* 14 (2013), Nr. 5, S. 10162 – 10177. DOI 10.3390/ijms140510162. – ISSN 1422–0067

Infinite Science Publishing provides a publication platform for excellent theses as well as scientific monographies and conference proceedings for reasonable costs.

These publications enable scientists and research organizations to reach the maximum attention for their results.

The service of Infinite Science Publishing comprises the entire range from the publication of print-ready documents up to cover design as well as copy-editing of single articles.

Infinite Science Publishing is an imprint of the Infinite Science GmbH, a University of Lübeck spin-off and service partner of the BioMedTec Science Campus.

www.infinite-science.de/publishing

Infinite Science GmbH
MFC 1 | BioMedTec Wissenschaftscampus
Maria-Goeppert-Str. 1, 23562 Lübeck
book@infinite-science.de

More Titles on Magnetic Particle Imaging

Herstellung und Charakterisierung superparamagnetischer Lacke
Inga Christine Kuschnerus
EUR 29,90

Optimierung der Permanentmagnetengeometrie zur Generierung eines Selektionsfeldes für Magnetic Particle Imaging
Matthias Weber
EUR 29,90

Compressed Sensing und Sparse Rekonstruktion bei Magnetic Particle Imaging
Anselm von Gladiß
EUR 49,90

Beschleunigtes Magnetic Particle Imaging: Untersuchung des Einsatzes von Compressed Sensing für die Signalaufnahme
Nadine Traulsen
EUR 49,90

Power-Loss Optimized Field-Free Line Generation for Magnetic Particle Imaging
Matthias Weber
EUR 49,90

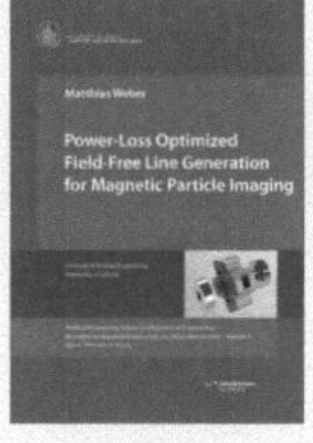

Elliptical Coils in Magnetic Particle Imaging
Christian Kaethner
EUR 49,90

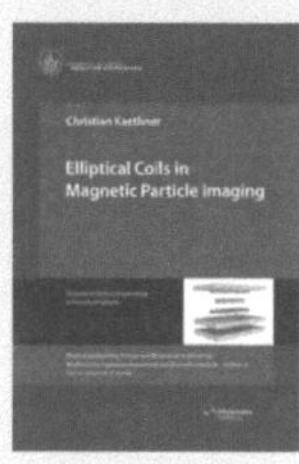

Infinite Science Publishing

www.infinite-science.de/shop/books

Infinite Science GmbH
MFC 1 | BioMedTec Wissenschaftscampus
Maria-Goeppert-Str. 1, 23562 Lübeck
book@infinite-science.de